零基础时装画入门技法

——服装与饰品素描基础训练

FASHION PAINTING

姜 林 著

时尚头像

时装画

箱包饰品

时尚鞋品

中国纺织出版社

内 容 提 要

本书从石膏几何体讲起，延伸到时尚头像、时装画以及饰品、包类与鞋类的素描方法，通过由浅入深的讲解和训练，完整地展示了零基础学习服装与饰品类素描技法的画法和要点。本书作为一本系统讲授从素描基础绘画到时装画素描技法等表现的教程，填补了单纯的素描教程或时装画技法教程的不足，为两者搭建了桥梁，为衔接学习时装画技法和饰品类的设计而服务。

本书是作者多年绘画与教学的实践总结，语言简明易懂，绘画步骤清晰易学，不仅可以作为服装与饰品类设计爱好者学习素描和时装画的入门教程，也可以作为中、高职在校生的教材，以及有志于服装与饰品类专业的学生学习与借鉴。

图书在版编目（CIP）数据

零基础时装画入门技法：服装与饰品素描基础训练/姜林著. --北京：中国纺织出版社，2016.7
ISBN 978-7-5180-2569-5

Ⅰ. ①零… Ⅱ. ①姜… Ⅲ. ①时装—素描技法
Ⅳ. ①TS941.28

中国版本图书馆CIP数据核字（2016）第085814号

责任编辑：王　璐　　责任校对：楼旭红
责任设计：何　建　　责任印制：王艳丽

中国纺织出版社出版发行
地址：北京市朝阳区百子湾东里A407号楼　邮政编码：100124
销售电话：010—67004422　传真：010—87155801
http：//www.c-textilep.com
E-mail：faxing@c-textilep.com
中国纺织出版社天猫旗舰店
官方微博http：//weibo.com/2119887771
北京通天印刷有限责任公司印刷　各地新华书店经销
2016年7月第1版第1次印刷
开本：889×1194　1/16　印张：12.5
字数：185千字　定价：45.00元

序 言

preface

2016年元月的一天，接到遥远南国深圳打来的一个电话，让我高兴的是，对方是我20世纪90年代曾经教过的学生姜林。他毕业后就去了南方发展，如今20多年过去了，他与我一样，也在从事艺术教育工作，而且还成绩满满的。

他在写书，写一本关于如何利用素描去表现服装与服饰设计的书，他恳请我为他即将出版的新书写个小序，我满口答应了。

素描是西方古典绘画艺术的基础。它的特性是艺术家采用单一颜色来描绘对象，是人类较早形成的一种绘画表现方式。常见的素描是以黑色线条来描绘我们看到的人或物，后来又有彩色描绘的素描。其实，素描的形式有多种：一是线描法，二是明暗法，三是综合法。

素描也是艺术设计课程的基础。意大利文艺复兴时期，达・芬奇的许多人体与机械素描，就强烈地展示出素描与设计美学的渊源。我们知道，一个好的设计理念，往往少不了对人与物的形态研究、色彩研究以及材料与技术功能的研究。21世纪以来，设计在当下被赋予了新的内涵，也更加重视信息与市场的研究。

姜林的新书，内容紧紧围绕素描与时尚设计这样的主题，按照艺术设计的认识规律展开。他把自己近十几年在艺术设计实践中所得到的经验与教学紧密结合，形成了自己非常独特的教学方法与绘画审美，这样的书，还是值得期待的。

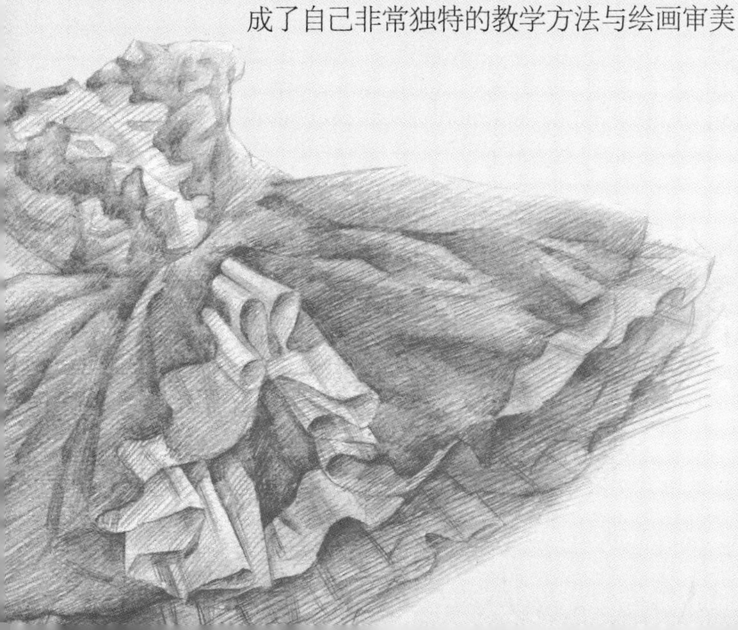

李祖旺

2016年1月于北京俗斋

前言

preface

素描是造型艺术的基础。造型能力是通过长期训练才能形成的特殊表现能力，是按照自然方式进行复杂训练的结果。掌握艺术造型的方法，需要恢复人的自然思维方式和操作方式，需要研究自然物体的形式特点和认识它的变化规律和条件。素描是解决这些造型问题的最佳途径。

服装和饰品等设计作为造型设计的一种，加上其独特的产品性质，要求设计师具有敏锐的眼光来捕捉造型的特点，培养超前的思考判断能力及准确的表现手法。因此造型是至关重要的基础，在设计专业里通常以它作为必备能力，以此培养学生对形体的观察、理解和表现的综合能力，同时培养学生的思维创造力。

素描作为造型的基本功，不仅可以提高画面的表现力，丰富其设计手法，同时可以提高设计者的感觉能力，开发其思维创意能力，以及提高艺术审美的感悟能力。

本书立足于服装与饰品类专业的特点，以短期素描学习为主。从“零”开始，以实例由浅入深、图文并茂地逐步讲解，便于读者学习和掌握。本书适用于服装、饰品、包类、鞋类设计专业的学生，素描初学者，中、高职在校生及有志于服装和配饰类的学生学习与借鉴。

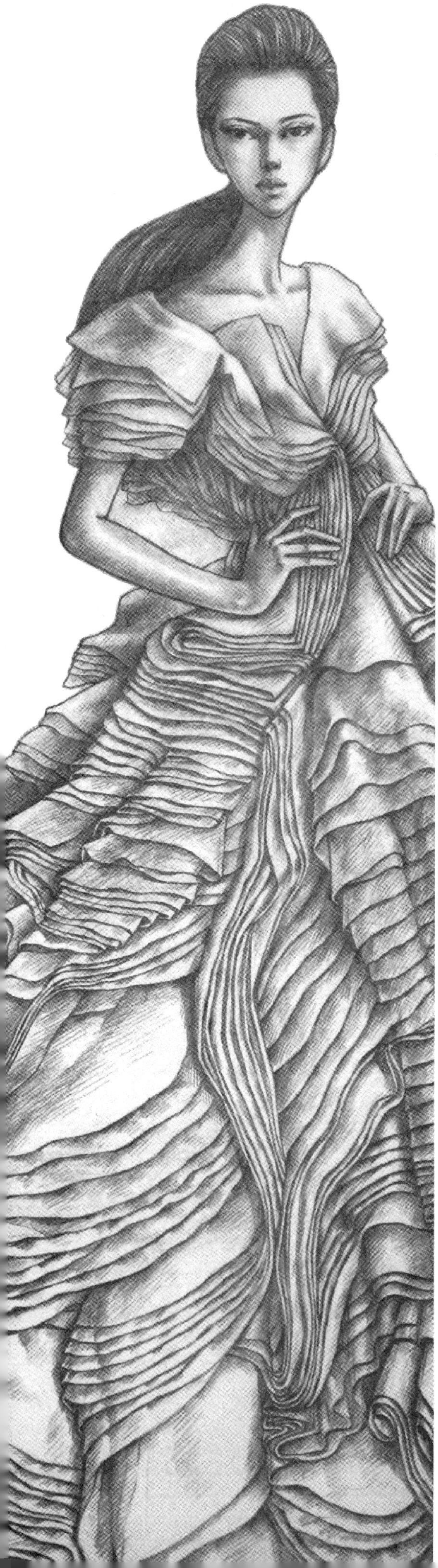

目 录

CONTENTS

2012.09.10

第一章

素描的前提与方法

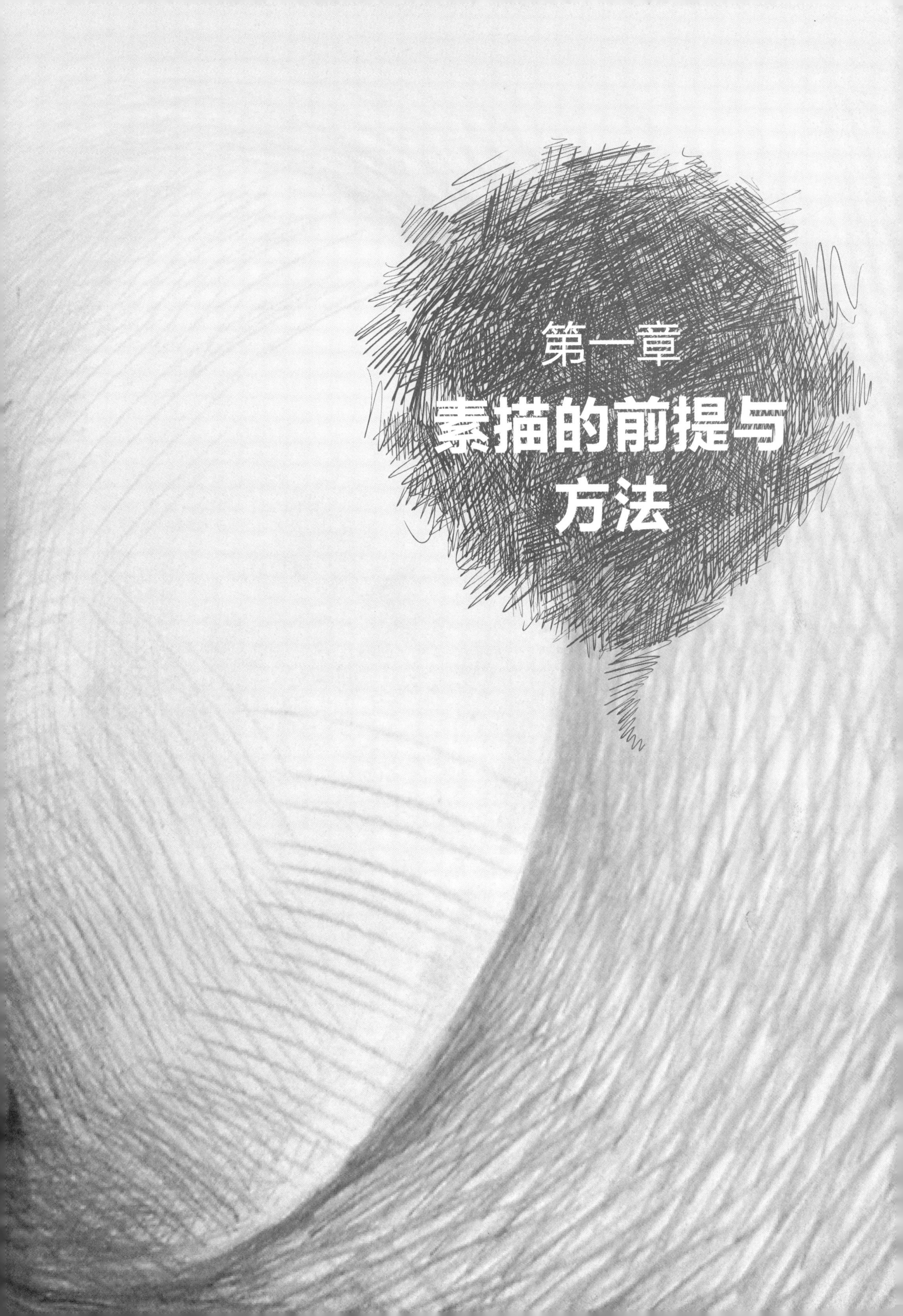

学习要点及目标 | 掌握正确的绘画姿势、手势以及观察对象和排线的方式。

第一节 素描的工具和性能

一、素描使用的工具和性能（图1-1）

1. 绘画铅笔

绘画铅笔的铅芯有不同的软硬区别。硬的以“H”为代表，如：H、2H、3H、4H、5H、6H等，数字越大，硬度越强，即色度越淡。软的以“B”为代表，如：B、2B、3B、4B、5B、6B等，数字越大，软度越强，色度越黑。

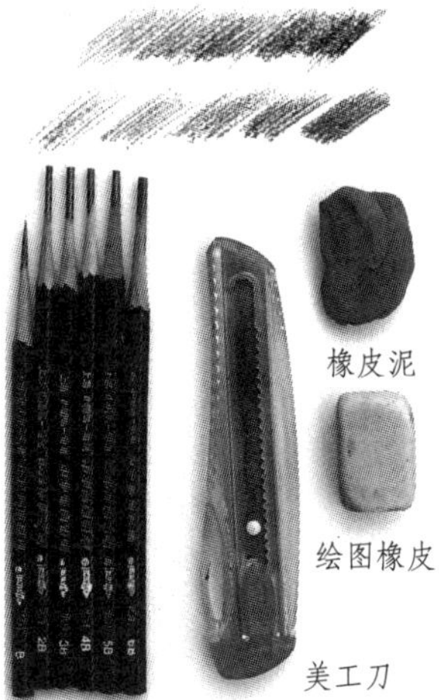
绘画铅笔及不同型号铅笔的明暗层次

2. 炭笔

炭笔的用法和铅笔相似，炭笔的色泽较黑，黑白对比较强，有较强的表现能力，但画重了较难擦除败笔。

3. 木炭条

木炭条由树枝烧制而成，色泽较黑，质地松散，附着力较差，画完成后需喷定画液，否则容易掉色破坏画面。

4. 炭精条

常见的有黑色和棕色两种，质地较木炭条硬，附着力较强。

5. 纸笔

多用于静物和人物等的灰调处理，有意想不到的效果。也有人用纸巾或软布代替。

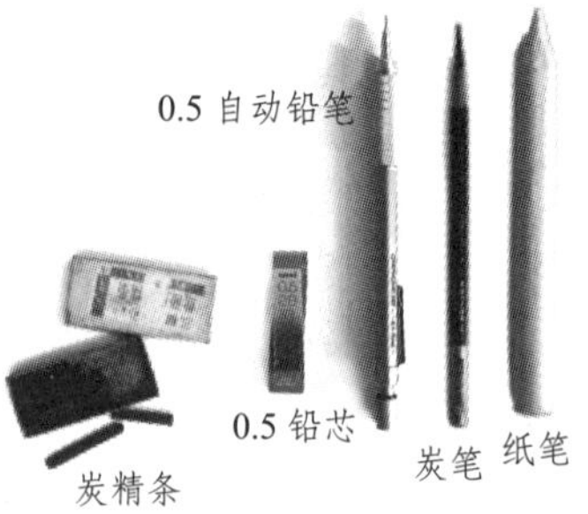

图1-1

6. 自动铅笔

常用于表现设计草图，这里用于服装和服饰品素描的绘画表现。

7. 画纸

画纸要选用纸面不太光滑且质地坚实的素描纸，素描纸的附铅性强，且质地坚实，可反复擦改不易损坏纸面，初学者选用4开的为宜。

8. 橡皮

常用的有绘图橡皮和橡皮泥，橡皮泥较适合调整画面，而绘图橡皮则擦得较干净。

9. **画板和画夹**

画板和画夹都有不同的型号，大小可随自己的画幅而定，初学者选用4开的为宜。画板比较坚固耐用，画夹则携带方便。

二、不同绘画工具的素描表现如下（图1–2）

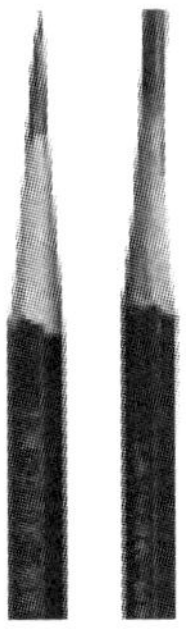

小贴士：

削铅笔时，边削边旋转并保持一致的斜度，用力均匀且把铅芯露多些。

建议不要使用卷笔刀，卷出的铅笔铅芯较短，且铅尖易划伤画纸表面，损坏画面效果。

绘画铅笔的表现

炭精条的表现

0.5 自动铅笔的时装画头部表现

图 1–2

第二节 素描的姿势和拿笔方式

一、正确的绘画姿势有助于绘画时的观察和准确表现

1. 坐姿（图1–3）

视线与画板成90°角，手臂前伸并保持足够的活动范围，不要太近，便于整体观察和表现。

2. 手势（图1–4）

用食指和拇指捏住铅笔，用手腕的力度表现物体。分为悬空拿笔和支点拿笔，悬空用笔是手指捏在离铅芯较远的部分，绘画大形和大面关系。支点用笔是手指捏在离铅芯较近的部位刻画物体的细节。在刻画局部时，可以用小指的指尖作为支点，运用手腕的运动来绘画，便于控制铅笔刻画表现物体的细节。绘画的“有放有收”也可以说从拿笔的手势就开始了。

图1–3

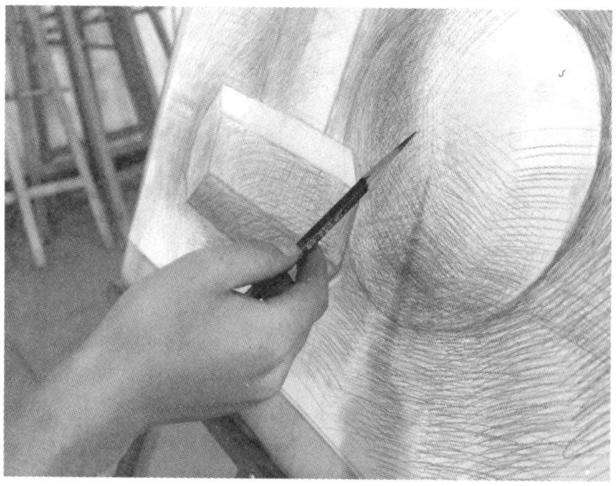

悬空用笔

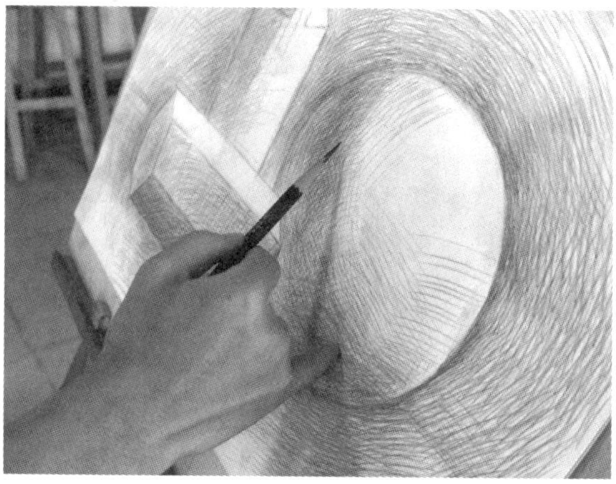

支点用笔

图1–4

第三节 素描的观察、分析和表现方法

初学者容易看到哪里画到哪里，局部观察，不用脑分析、比较、理解，而凭着直觉去绘画。结果往往越画越糟，以至烦躁而坐不住，失去学习素描的兴趣。正确的绘画过程是整体观察、整体比较、同步表现的过程，是眼、脑、手三者间有机结合的综合过程。这一过程也是训练和提高综合感觉能力和表现能力的重要过程。

一、观察方法

素描先从学习观察开始，素描的观察方法和平时看东西的方法不尽相同。一般观察对象时，往往是从左到右或从上到下依次观察，即常说的局部观察。看头时并不同时看脚，看鼻子时也不会同时去看耳朵，更不会有意识地观察各部分间的相互关系。如果以这种局部的、依次观察的方法来绘画，很难准确地表现对象，易陷入局部而忘记整体的关系。正确的观察要求是整体地观察对象，比较其各部分的相互关系，如比例关系、明暗关系等。这种从整体出发的观察方法有助于准确把握对象的特点，表现和塑造对象。同时养成这种观察习惯和方法不但对学习素描是必需的，对以后从事服装和服饰等设计也是必需的。

图1-5

观察时，眼睛常半睁半闭“虚”着观察物体，捕捉物体大的变化不被细节所吸引。观察的方法分为：目测法和量比法。目测法是依靠眼睛敏锐的观察力判断物体的各种关系。而初学者很难准确把握，这时可以借助手中的铅笔来测量观察，这就是“量比”法（图1-5）。

“量比”就是借助手中的铅笔向前伸直手臂，把铅笔垂直或水平测量物体的高宽比及各部分间的比例，即把物体复杂的三维空间关系，简化概括为简单的二维线段关系，同比把它绘画到纸上。正确的练习方法易先采用目测观察对象，再使用“量比”法纠正观察的错误，反复多次训练，眼睛的敏锐观察力可以通过练习得到升华，从而运用目测的感觉捕捉物体的变化。

二、分析方法

除了正确的观察还需要正确的用脑分析，理解物体的形体特征。物体的起伏、凸凹、明暗、虚实等关系，都是光线作用于物体内在结构的外部表现。要想深入刻画对象，需要知其所以然，多比较分析物体的内在关系。为了更好地分析对象，不仅要定点观察，还需从各个角度全面地观察比较，明确物体的整体及主要特征，做到心中有数。这样才能更好地表现对象，而不是只观察物体的表面化与概念化。

图1-6

三、表现方法

在观察和分析的同时，如何用手表现物体。首先遇到素描的线条问题，和平时的画线不同。素描的线条要求画得肯定、流畅，观察与画线相配合，达到眼到手到的准确性。更高的要求还要表现出力度和各种物体的质感等。正确的画线和排线形式如图1-6所示。

1. 画线的方法：

（1）单线：中锋行笔，铅笔轻入纸面→使力→提笔，一气呵成。画出两头轻中间重的线。少用侧锋行笔，以免画面出现“腻”的问题。

（2）排线：匀线和匀速递减的排线，从物体的暗部开始，根据物体的结构先密后疏从暗到亮，表现物体的形体关系。

2. 常见问题及解决方法（图1-7）：

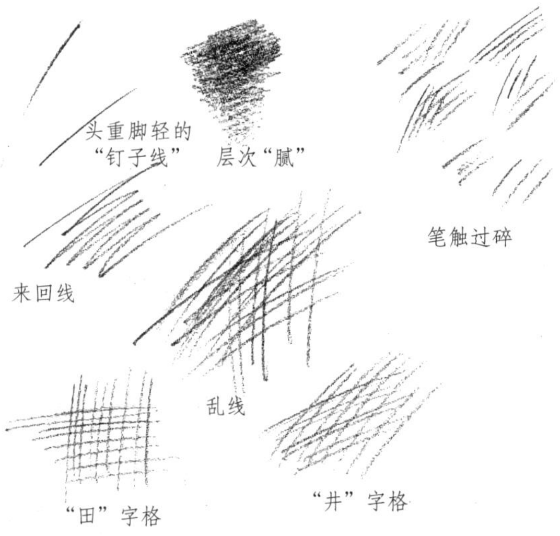

图1-7

（1）头重脚轻的“钉子”线，下笔用力过重。注意行笔力度，轻入→使力→提笔，一气呵成。

（2）层次“腻”，侧锋行笔的结果。注意把笔立起运用笔尖，即中锋行笔。

（3）笔触过碎，线条过短、方向变化多且密度变化大。注意用整理好的长线，疏密适当。

（4）来回线，注意应该用单根的线，快速表现。

（5）乱线，注意整理线的方向，根据物体的结构密而不乱表现物体。

（6）“田”字格或“井”字格，排线是为了表现物体的形体关系，注意调整排线的密度和方向，着重面的表现，从而强调物体的体面关系。

◆注意：画线和排线并不是画素描的目的，素描的目的是正确表现物体的形体等关系。

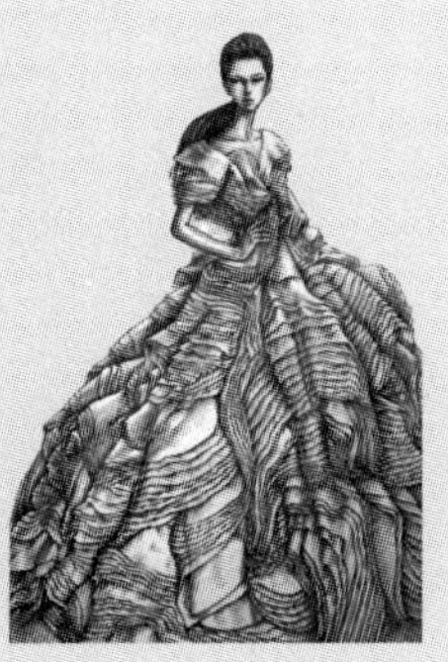

本章小结 | 了解常用的绘画工具，掌握正确的用笔习惯、绘画姿势和准确的画线方式。

实训案例 | 画线和排线练习。

思考与练习 | 正确的姿势、手势和排线方法，对养成良好绘画习惯的作用和意义。

实训课堂 | 排线练习。

第二章
素描的基础知识

学习要点及目标｜本章为学习素描的重要知识之一，掌握基本的透视知识，明暗变化的规律，质感、主次、特征取舍和明暗的关系，以及正确的绘画方法。

第一节 透视的基础知识

透视简单地说就是近大远小，近实远虚。坐在行驶的车中，常常看到路边距离自己近的树或电线杆较高，而越远越小，越远越模糊。这种近大远小和近实远虚的现象就是透视现象，它是表现各种物体相互之间的空间关系或者位置关系，在纸面上构建空间感、立体感的重要方法和原理，也是素描表现物体的重要基础。视点、画面、物体是透视的重要因素。视点是各种透视的先决条件，物体是描绘客观对象在透视中的重要依据，画面是视点与物体之间所产生透视关系的体现，三者互为一个整体，缺一不可。

透视的方法，即把眼睛所见的景物，投影在眼前的平面，在此平面上描绘景物的方法。分形体透视即几何形透视和空气透视等。这里指形体透视，包括一点透视、两点透视、三点透视。通常是在后方找到一个消失点，所有的视线集中到一点的为一点透视。往左、右能各找到一个消失点的为两点透视。往左、往右、往上或往下能各找一个消失点的是三点透视，其体积左、往右、往上或往下都有紧缩的效果。

一、一点透视

一点透视又称平行透视。当一个立方体正对着我们，它的上下两条边界与视平线平行时，它的消失点只有一个，正好与心点在同一个位置。

一点透视中的圆形的弧度随视点的距离、上下和左右的位置产生变化，距离越远，弧度、长度越小，偏离视心点越远弧度越大（图2–1）。

一点透视，把立方体放在一个水平面上，前方的面（正面）的四边分别与画纸四边平行时，上部和下部各向纵深的平行直线延伸至与眼睛的高度一致，消失成为一点，而正面则为正方形（图2–2）。

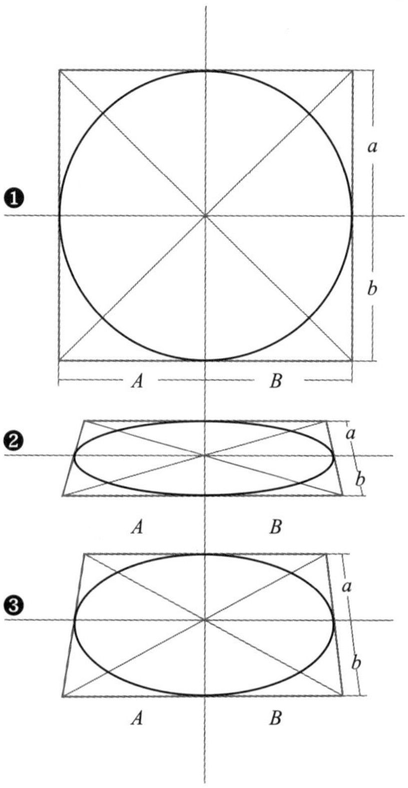

❶ 为正圆，$A=B$，$a=b$。
❷❸ 为圆的透视圆，视觉上 $A=B$，但 $a\neq b$。

图2–1

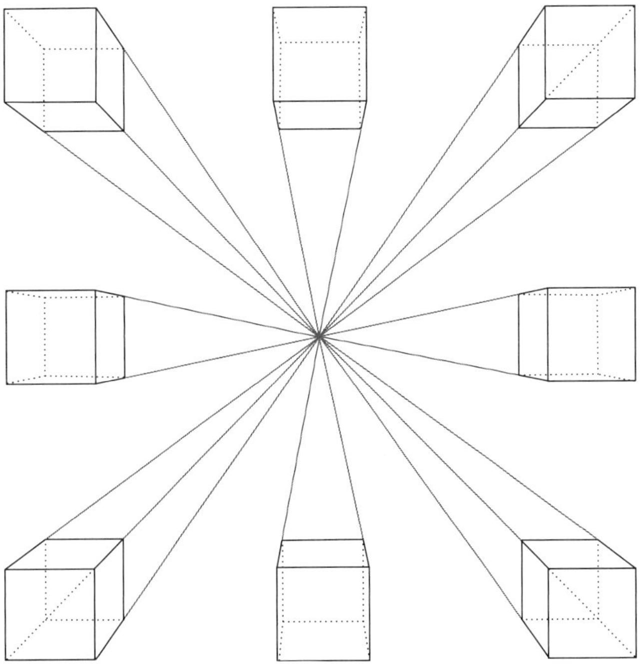

图2-2

二、二点透视

二点透视又称成角透视。立方体的四个面相对于纸面倾斜成一定角度时，往纵深平行的直线产生了两个消失点。在这种情况下，与上下两个水平面相垂直的平行线也产生了长度的缩小，但是不带有消失点。二点透视中的立方体四个竖边为平行关系（图2-3）。

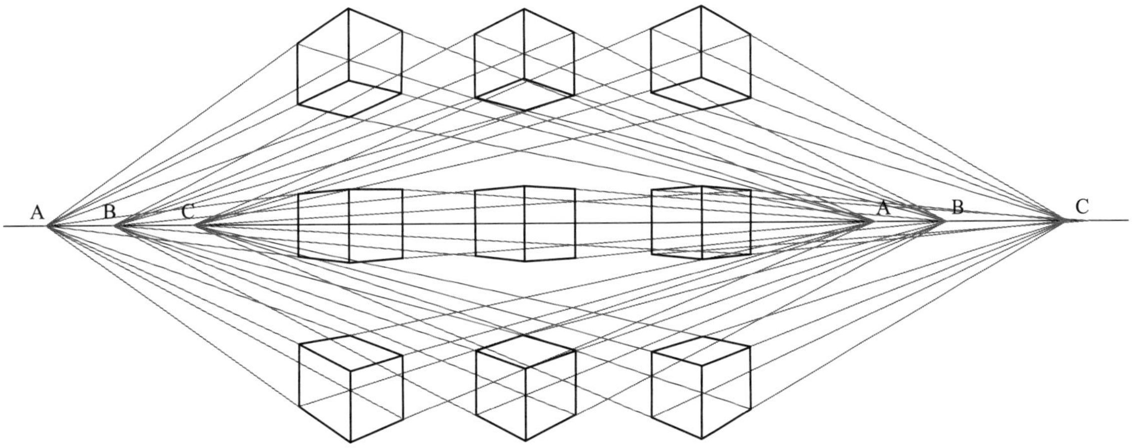

图2-3

三、三点透视

三点透视又称倾斜透视。在两点透视现象中，其中上下方向的各边界与视心线不垂直时，立方体各边的延长线分别消失于三个点上。

立方体相对于画面，其面及棱线都不平行时，面的边线可以延伸为三个消失点，用俯视或仰视等去看立方体就会形成三点透视（图2-4）。

圆柱体的三点透视，两个圆面比较，里面的圆被缩小了。两个椭圆是平行的面时，椭圆的长轴与长方体的边不平行。两个椭圆的面失掉了平行性时，就不会是相似形（图2-5）。

形体的透视，注意远近的差别。即近的清楚、远的模糊，近的具体、远的概括，近的详细、远的简化等空间感的组成因素。再次是明暗虚实，即近的层次丰富，远的层次简单；近的对比强，远的对比弱。

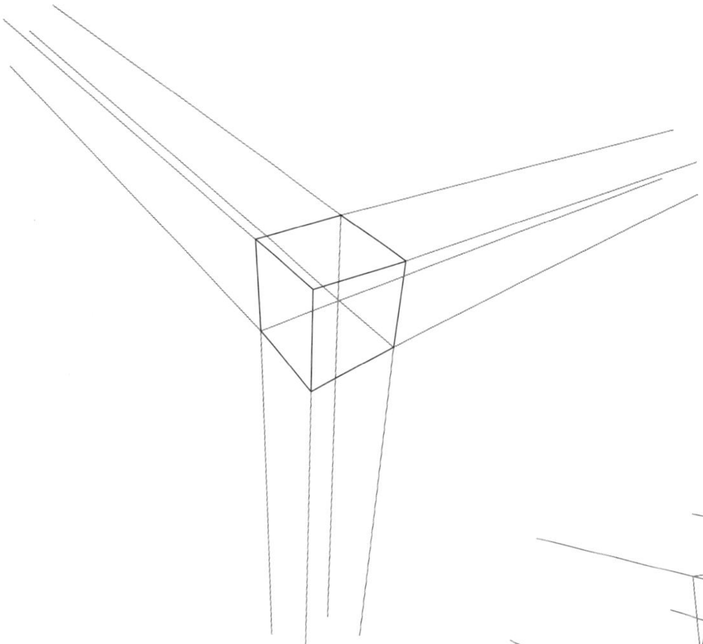

图2-4

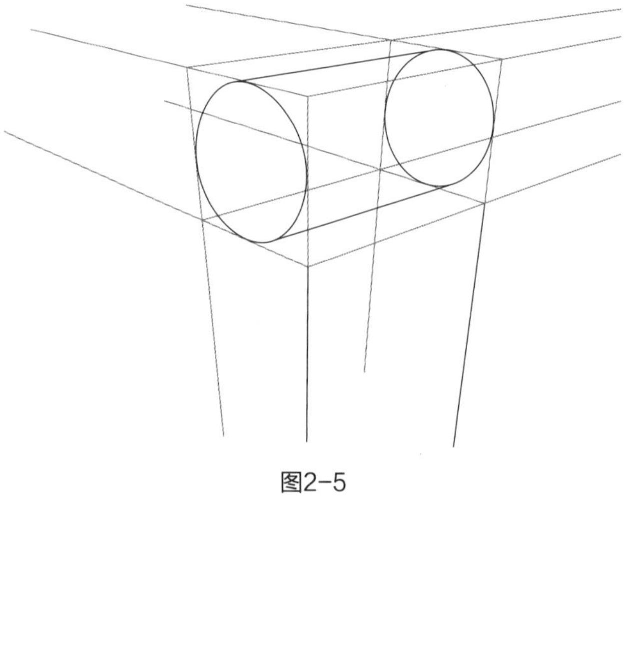

图2-5

第二节 素描的明暗和质感、特征和取舍

物体通过光源照射产生不同的明暗变化，光源的强弱和距离影响物体的明暗关系。加之物体的固有色和质感等关系，构成丰富的黑白灰画面。掌握物体明暗变化的规律是表现物体体量关系和质感的重要方法。

一、素描的明暗

物体在受到光的照射后，呈现出不同的明暗层次。概括为三大面，受光的一面为亮面，侧受光的一面为灰面，背光的一面为暗面。不同明度的黑白灰层次，反映体面所受光的数量，即面的深浅程度。根据受光的强弱不同概括出五个主要的色调，详情如下（图2-6）：

1. 亮调

物体受光较亮的部分。受光部离光源最近，并且受到光源直射影响的焦点是高光。亮调的最远部分到高光是浅灰到极亮的渐变。

2. 灰调

即过渡调，是物体受斜射光影响的部分。由于斜射角的不同而产生变化，最能体现物体的本质特征，因而它的层次最丰富也最微妙，它的色调从明暗交界线到受光由深灰到浅灰的变化，是背光到受光的过渡。

3. 明暗交界线

物体受光部分和背光部分交接的地方叫做明暗交界线。它不受光源和反光的照射，因而在物体上，属于较深的色调。它不一定是一根线，而是由许多不同方向的面组成的暗灰色带，有着虚、实、软、硬的变化。在表现时应该注意到并且要体现出来。

4. 反光

处于物体背光部分，受到桌面或墙面折射光的影响而产生。属于间接光的影响，如果将反光表现的过亮，容易破坏色调的统一性，产生混乱的感觉。但在不同的环境和质感时，需多注意比较它们的变化。

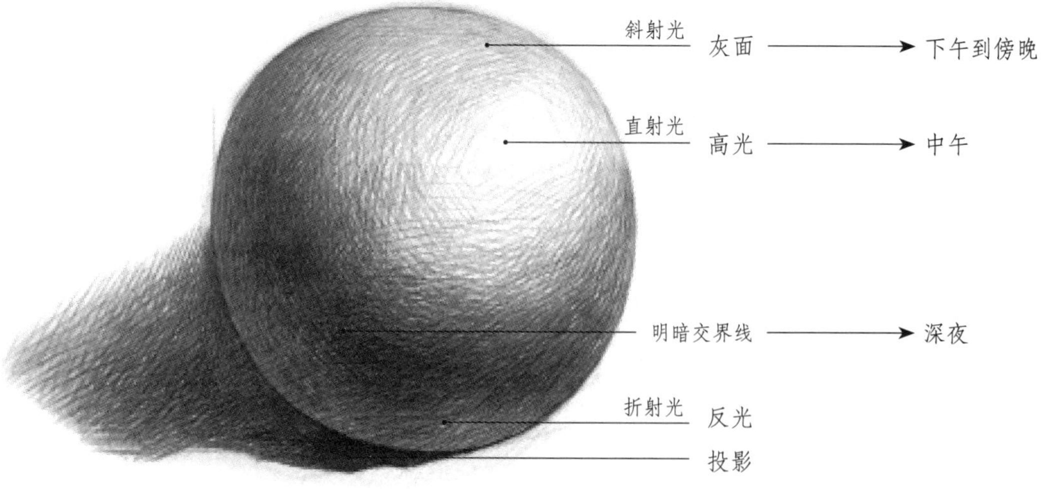

图2-6

5. **投影**

被物体遮住光线的背光部分。一般来讲，是画面中最暗的部分。但处在不同的环境和质感时，会有变化。

地球是个球体，受太阳和地球自转的影响，可以将素描的五大调简单地概括为地球不同的时间段来理解。

物体受到光的照射后，它的明暗层次是无限多的，用素描的方法表现出来的层次也是难以计算的。为了画面的整体感，对明暗的层次要善于概括归纳，力求简练，去除繁杂而多余的层次（图2-7）。

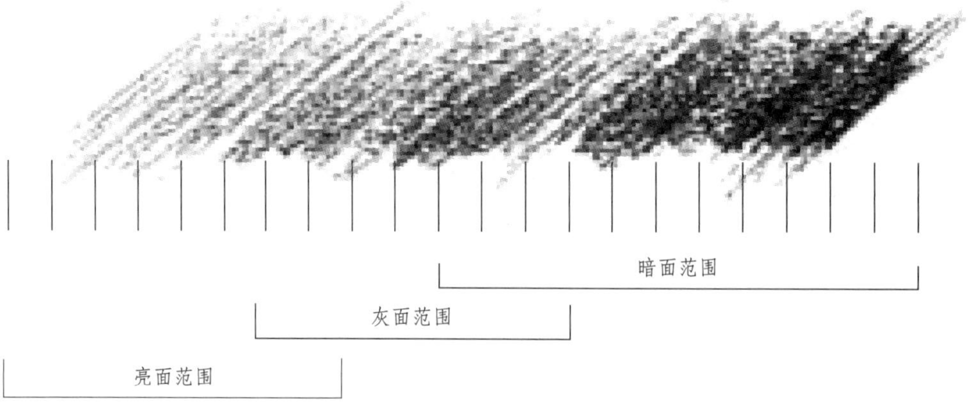

图2-7

6. 示范作品（图2-8~图2-10）

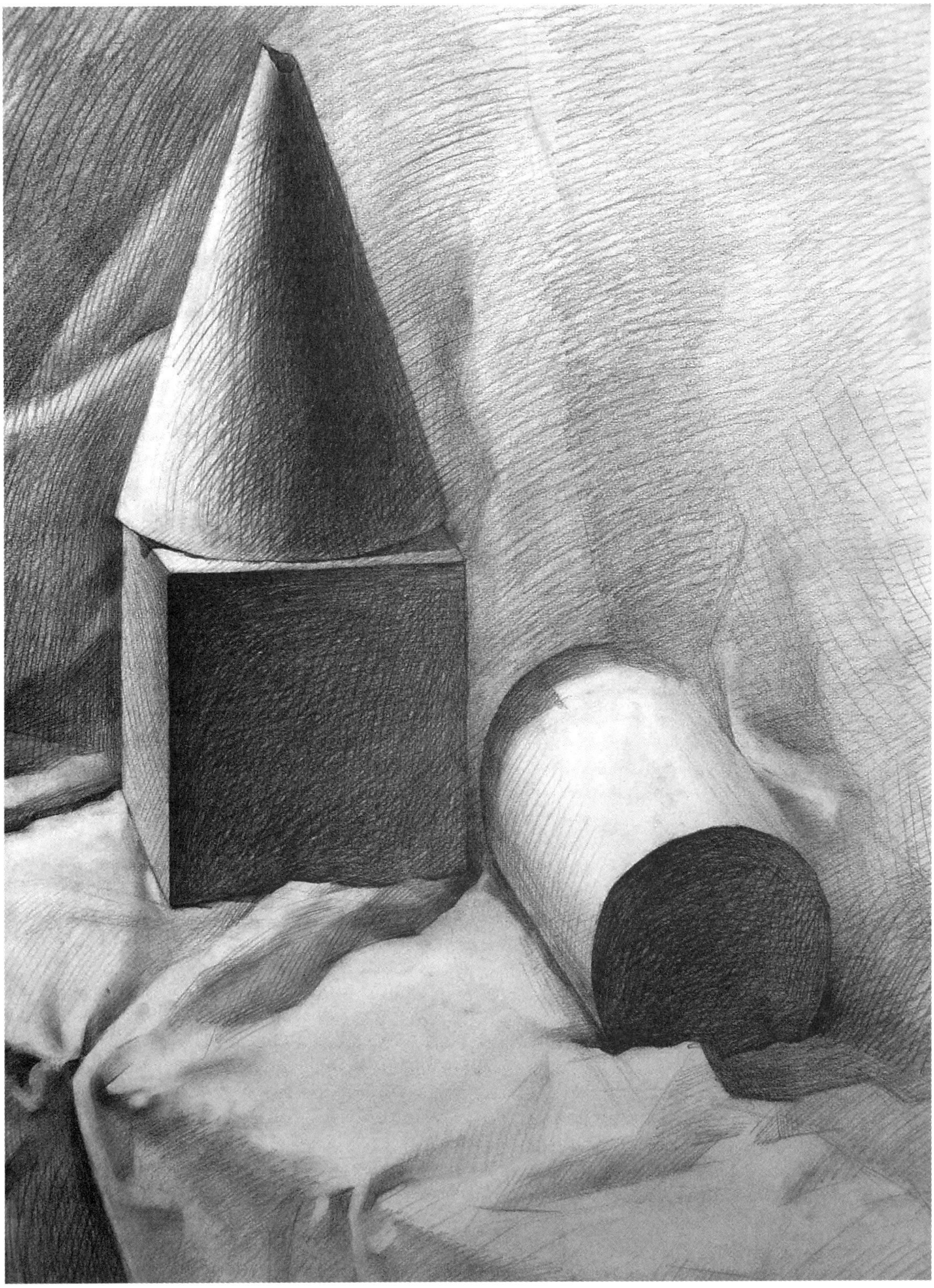

图2-8

图2-9

图2-10

在实际绘画中，明暗色调不仅仅只有五种色调，会丰富很多。初学时，在把握好这五种最基本色调的前提下，在画面中树立色调的整体感，即画面黑、白、灰的整体层次关系，运用好这几大色调来概括统一画面，表现画面的整体效果。

二、明暗与结构

常有人把表现明暗的过程称为“涂调子”，由此在表现物体明暗色调时，误将表现物体明暗色调的丰富程度当作素描的目的，或作为衡量的标准，因此绘画时只凭眼睛对明暗层次的感受来表现物体表面的明暗变化，这样只能取得很表面的效果，不能对物体进行更深入的认识，很难能生动地表现物体。明暗层次的练习是素描练习的一部分，而这些练习都是建立在对物体的认知上。

在表现明暗色调时应把物体的结构关系了解清楚，用结构的观念来理解物体明暗的变化，并将它和眼睛对色调层次的感受结合起来。

结构是物体内在的组成部分，有其内部和外部的构成因素和结构关系，它们各部分的相互连接、穿插和覆盖，决定着物体的形体变化。

为了把物体可见的部分表现准确，必须对整个物体包括看不见的部分要有明确的理解，透过表象了解物体的内在结构，使其在结构中不致产生错误。通过对物体的观察，对结构的分析，才能更准确、更生动地表现物体（图2–11、图2–12）。

图2–11

图2–12

三、主次与虚实

主次是一种相互关系，由于各物体在整体之中所起的作用与地位不同，则主次不同。决定画面主次的因素，一是空间，二是视觉中心。在表现的过程中，要随时思考和解决画面的主次和虚实问题。不能到处都一样，没有主次、虚实和空间感。要区分出物体的前后和视觉中心，即所表现的对象，它是特别关注的中心，可主观强化。作为视觉中心或兴趣中心，往往多表现，其强度为画面中最强的部分，也是画面中最需要关注的部分。加强的部分多刻画，减弱的部分应概括弱化，这样画面的主次、虚实就容易清晰和明确。主次的把握有主观的选择，也有客观的情况，应根据具体实际情况而定，在各种因素中选择最需要的先解决，不能一概而论（图2-13~图2-15）。

图2-13

图2-14

图2-15

四、明暗与质感

质感是物体的表面特征，不同的物体质感不同。质感的不同带来坚实、松软、粗糙、光滑、透明、厚薄等不同的特点和感触。发现物体不同的质感，并准确表现出不同物体的质感特点，才会给人形象上的真实感。在表现物体质感时，常利用色调、纹理、形状和线条等因素，通过分析对比，来表现物体不同的质感。质感和量感是紧密相连的，质感得到了充分的表现，就能引起对物体轻重的联系，从而就有了量感（图2-16~图2-20）。

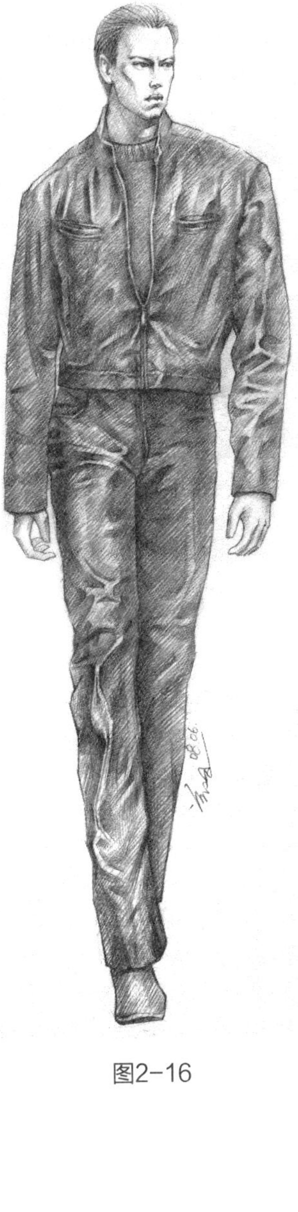

图2-16

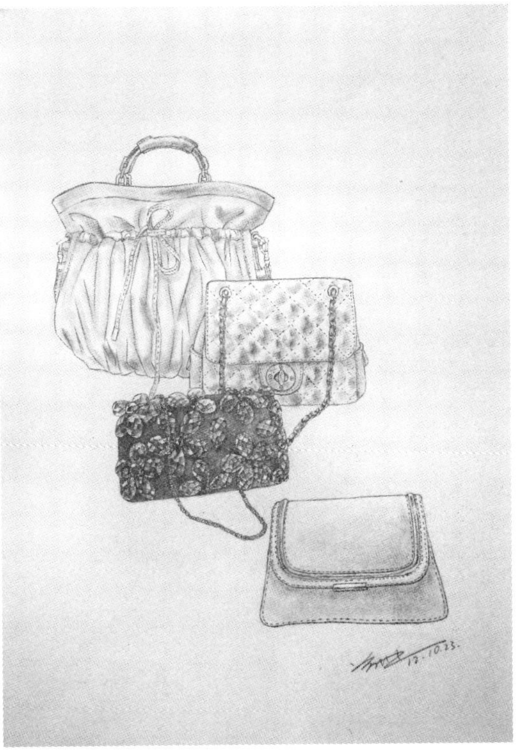

图2-17

图2-18

图2-19

图2-20

五、特征与取舍

图2-21

绘画的表现不是机械地反映物体的客观规律和记录物体所有的现象和细节，而是强调物体的本质结构和对整体的把握，以及发现物体的特征并进行强调。要注意到表现物体的个性特征和自己的独特感受，把注意力集中在捕捉物体的特征上，将形体规律的认识作为达到以上目的的手段。在特征上，先把握整体形体的特征，从大处着手，不被细节的特点干扰，虽然细节的表现对于表现物体的生动性也是需要的，但其属于次要地位，局部的特点不足以构成生动感人的形体。每个被表现的物体自身都会具有不同的特征，需要多去观察和捕捉，一经感觉和认识到就应大胆地将其表现出来，并且宁可表现的鲜明和夸张些，也不要含糊不清。对于物体的细部或局部应该有所取舍，凡能生动地反映物体并具有特征性的部分，应更多地表现和强调，反之就可以简略概括地表现或者忽略（图2-21~图2-25）。

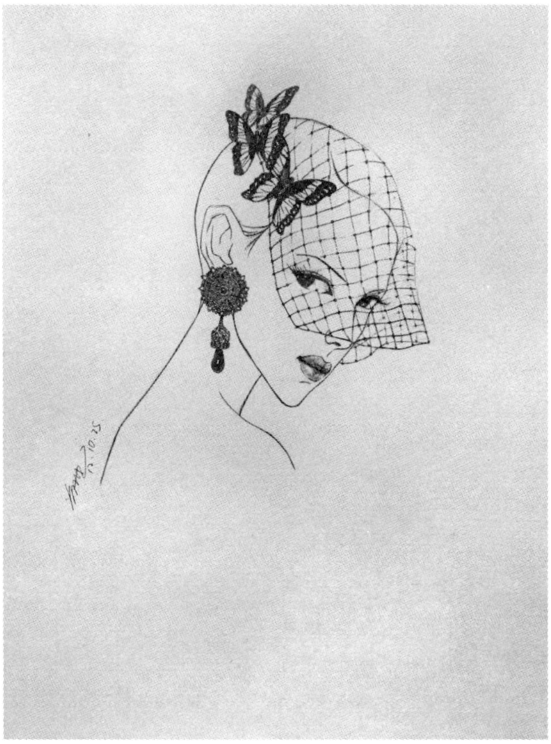

图2-22

图2-23

图2-24

图2-25

第三节 素描的绘画步骤与方法

树立整体的观念，培养纵观全局的整体观察能力，结合同步的表现，从大至小、由简入繁地逐步深入，遵循整体—局部—整体的作画步骤，是素描的正确表现方法。整体观察能力的培养，不仅可以培养素描的正确方法，也是培养和启发设计思维的有效方式和方法。

一、实训案例一

1. 概括大形（图2-26）

用轻淡的长直线概括出整体的长宽，比较得出每个物体所占整体中的大小、比例与位置，构图上注意物体要居于画面中间的位置。

2. 概括表现物体的主要形体结构（图2-27）

理解物体的结构，用简单的长方形和三角形，概括复杂形体的结构及其透视关系，用长直线使轮廓准确化，分出桌面和墙面的空间关系。注意多借助水平线和垂直线，反复比较物体的形体变化，以求准确。

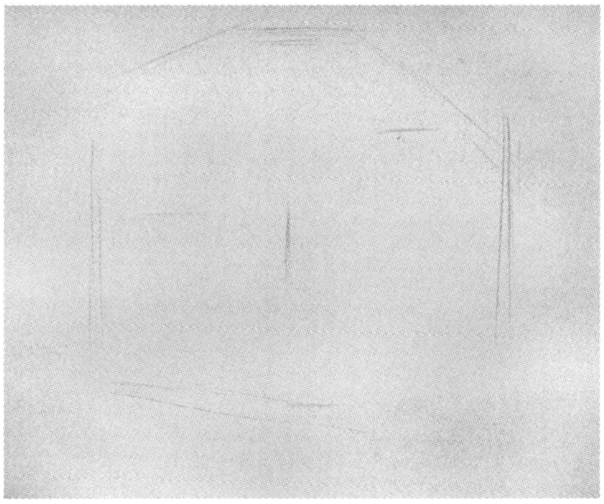

图2-26

图2-27

3. 概括分出受光部与背光部（图2-28）

根据光线的影响，在理解形体的基础上，从明暗交界线画起，概括物体的受光部和背光部，以及主要布纹的变化。表现物体大面的色调变化以及墙面与桌面的变化。不要拘泥于细节上的表现，注意其虚实关系和同步表现。

4. 深入刻画（图2-29）

回到明暗交界线处，从局部到整体，局部深入刻画每个物体的明暗关系，在理解的基础上，逐步用不同的色调层次强调其自身暗部的层次变化。

图2-28

图2-29

5. 整体调整

继续深入回到整体，从整体的角度通过加强减弱等方法处理，调整画面整体的明暗关系，注意画面的主次与空间关系，使画面详略得当（图2-30）。

图2-30

二、实训案例二

1. 用基本形概括整体（图2–31）

用轻淡的长直线把所有物体作为一个整体，概括出整体的比例关系，比较得出每个物体占整体的大小、比例和位置，注意画面构图。

2. 概括表现物体的形体结构（图2–32）

多观察物体的形体结构与透视关系，在理解的前提下借助水平线和垂直线反复观察比较，使物体造型准确化和具体化。注意同步表现，不被细节束缚。

3. 概括大面关系（图2–33）

在理解形体的基础上，从明暗交界线起，用长直线由深到浅地用大面概括出物体的受光部与背光部、墙面和桌面，分出大面的层次变化。注意排线跟着结构走，便于概括表现。

图2–31

图2–32

图2–33

4. 深入刻画（图2-34）

没有细节的整体，画面容易空洞。从细节出发，进行局部深入地刻画。用不同的色调层次逐步表现各个物体的形体关系，强化表现各个物体的层次关系和空间表现，注意不要陷入到局部当中。

图2-34

5. 整体调整

通过局部的深入刻画，容易造成画面整体的主次和虚实不分，由此回到整体观察和比较。调整整体的明暗层次，采用加强减弱等方法处理整体的虚实、主次、空间等关系方法，使画面主次分明，空间得当，形体特征鲜明突出（图2-35）。

图2-35

第四节 常出现的问题及其纠正方法

在表现复杂形体时，常常将其概括成简单的几何体形体去理解和分析，目的为舍弃细节，从大处着手便于掌握整体关系。因此常从石膏几何体素描入门，由浅入深地便于理解和学习，它是学习和发挥素描基础技术的一个重要基础阶段，提高认识和总结经验的阶段。初学时常出现以下的错误，学习时应多注意避免。

一、“散”和“铁丝线”（图2-36）

（1）“散”是构图的问题，物体间缺少联系，孤立存在。构图中还要注意“空”和“满”。物体太小太集中，就会造成画面的“空”；而物体太大、太散，画面就会“满”，甚至画面会“装不下”物体。

（2）“铁丝线”是强调物体外轮廓的问题。

图2-36

◎ **纠正方法：**

（1）构图时把所有物体的整体组合外形找准，注意物体间的联系、物体的大小和居于画面中的位置。

（2）在表现物体时，树立素描的体面观念，加强观察，采用塑造不同的“面”表现物体周围墙面或桌面的关系，而不是用反复等粗的轮廓线勾出物体的外形。轮廓是由不同面的转折而形成，形体是通过明暗对比出来的各种不同色调。

二、“歪”“糊”和“虚”（图2-37）

（1）“歪”是因起稿不严格，手不稳造成的。物体都有自己的位置和重心，对称物体的重心，在其中心垂直线的位置上。垂直线画不垂直，就会使物体重心不稳，产生“歪”的错误。

（2）“糊”和“虚”除了是因为手不稳，线条表现没有力度，以至于边缘“糊”不肯定外，也有主观地认为，越是立体的物体和后面的物体，形体的边缘越虚。

图2-37

◎ **纠正方法：**

（1）起稿时，左右两边要同时表现，尽量使用长直线，一根不准就用多根起形，通过练习渐渐减少起形线条，且尽量画直。

（2）物体的边缘“糊”和“虚”，则需中锋行笔，用有力度的线条准确而肯定地刻画物体边缘，明确其形体关系。多观察、多分析、多感受物体，不受错误的主观影响，客观地表现物体。

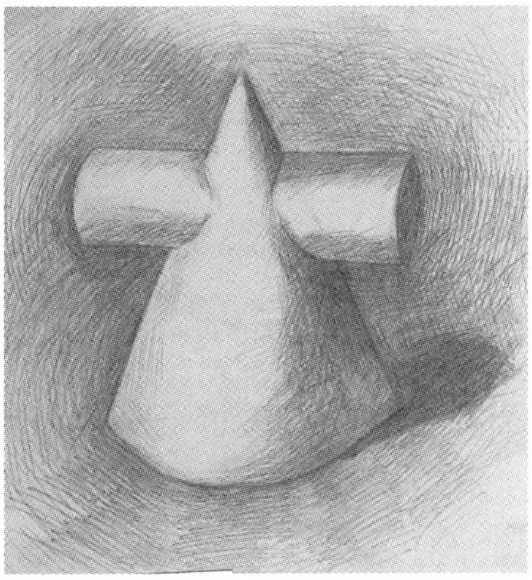

图2-38

三、“大”“平”和“板”（图2-38）

（1）透视面过“大”。初学时常会把物体的侧面画大，这是由于对视觉透视缩变现象理解得不够，主观地认为，侧面没有那么小，没有完全按照客观整体观察的结果去表现，容易受生活中的习惯所影响。

（2）“平”和“板”是过渡的灰面或暗面，表现的层次单一，过于简单化，物体的色调表现不充分，严重缺少变化和过渡色调。

◎ **纠正方法：**

（1）认真学习透视的基础知识，掌握透视变化的规律，严格掌握比例关系，客观地表现物体。

（2）准确找到物体的体面色调，注意排线的轻重、层次和过渡，控制好手的力度，由深到浅地画出物体的各种不同色调。

图2-39

四、“灰”“乱”“碎”“花”和“脏”（图2-39）

（1）“灰”常是物体受光部的色调画“过”了，受光部与背光部没有拉开，明暗对比的观察不足所造成的。

（2）“乱”“碎”“花”和“脏”，这几个问题常同时出现，主要是在表现色调时排线产生的问题，没有根据物体不同的体面排线，而是东挑几笔西挑几笔，线的变化角度也多。线条短而碎，力度太强衔接不自然。同时由于绘画表现时，手与画纸摩擦也容易产生这些问题。

◎ **纠正方法：**

（1）调整强化物体的明暗交界线部分，提高物体受光部的亮度。在素描步骤的初步造型阶段，就应该综合整理出物体的整体印象，找到物体的主次部分，在表现中严格按整体和主次的要求进行，并及时作出调整。

（2）排线的目的是塑造不同的“面”，从而表现物体的“体”的关系。利用好疏密变化的长线条，明确表现物体不同“面”的变化。

图2-40

五、“腻”和“闷”（图2-40）

（1）“腻”的直接原因是过多使用较软的铅笔用侧锋表现。

（2）“闷”把物体暗部主观理解成无光影响，加深加重了暗部的关系，色调单一且偏重。也可以说画“平”或“板”了。

◎ **纠正方法：**

（1）在调整整体这步时使用较硬的软铅，用有力度的中锋行笔调整画面，线条明朗有力度。

图2-41

（2）理解光源对物体的影响原因，多比较暗部的层次变化，注意物体暗部周围环境的影响，把物体暗部表现得通透并且色调有变化。

六、"主次""虚实"和"空间"（图2-41）

多个物体组合的画面中，"主次""虚实"和"空间"的问题常交织在一起。出现这个问题的主要原因是局部观察和局部表现造成的。不管多复杂的画面组成，物体都会有前中后的关系，在表现时就会有侧重点变化。

◎ 纠正方法：

准确把握画面的焦点，主要的对比强，次要的对比弱；前面的对比强，后面的对比弱。前后表现需明确。

除此之外，在物体的质感表现上也易产生问题。比如石膏和棉花都是白色，但质感完全不同。在表现时如果只是形把握准确了，但质感不对，画面同样是严重欠缺。出现这个问题的关键多在于，物体的明暗色调对比不准确。需要多观察色调的对比，准确表现出各种色调的对比关系。

在素描表现中，很多问题常常会交织在一起。在解决问题时，可以先找出最大的问题，从大处着手，逐步依次地解决。不要想一步到位地解决所有问题，欲速则不达。素描的学习和进步需要长期的坚持和训练，才能得到较大的提高。

七、示范作品（图2-42~图2-47）

图2-42

图2-43

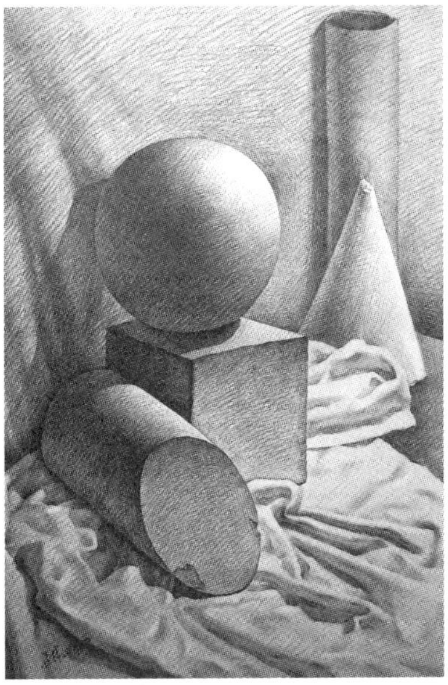

图2-44

图2-45

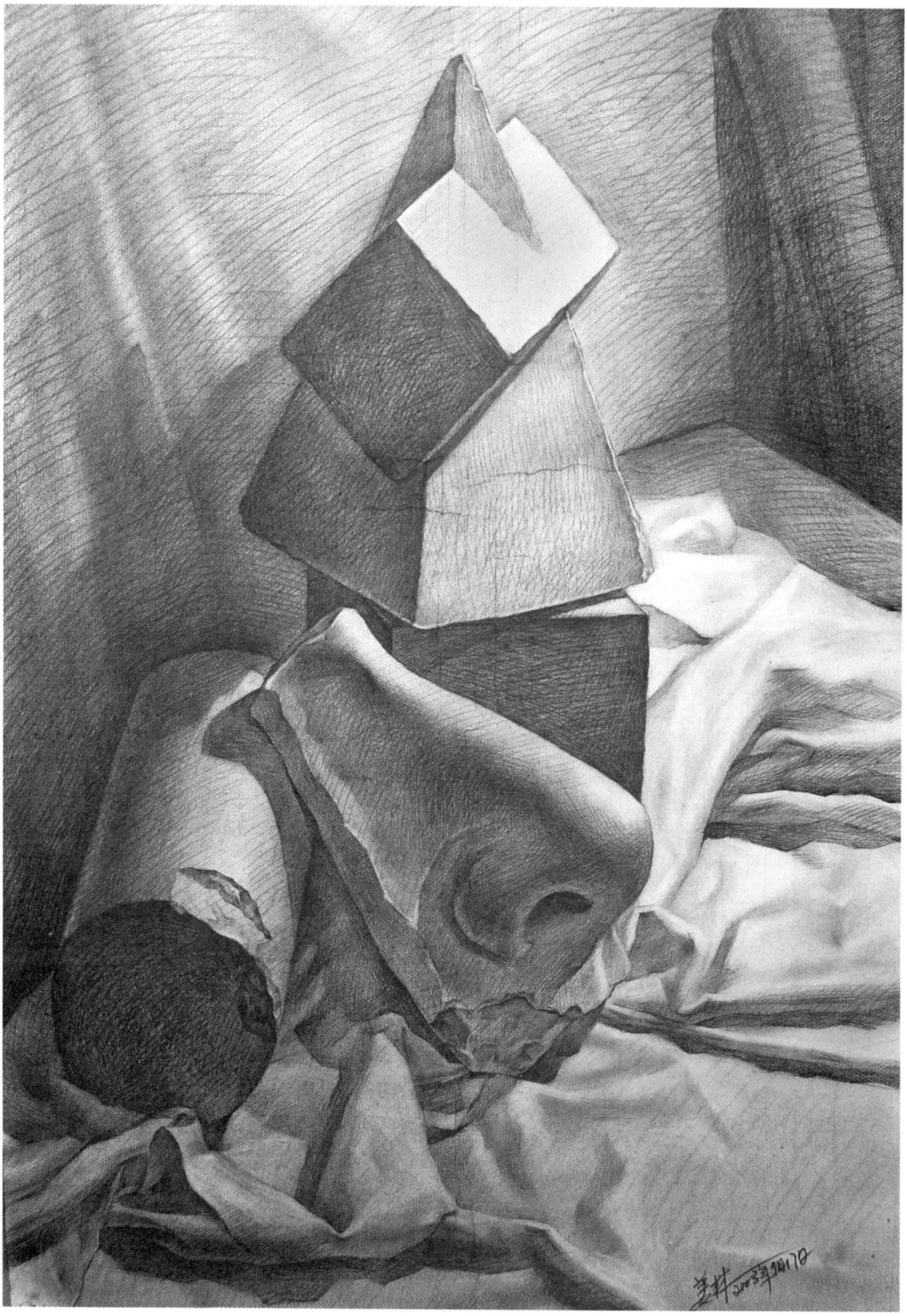

图2-46

图2-47

本章小结｜了解透视规律，掌握正确的绘画步骤和方法，运用明暗对比表现物体的主次、虚实等素描关系。

实训案例｜根据实训案例的步骤练习，掌握正确的绘画方法。

思考与练习｜养成整体的观察和同步表现的良好习惯，理解其对绘画和专业设计的作用和意义。

实训课堂｜根据实例完成由简单的石膏几何体组合到复杂的石膏几何体训练，掌握素描的方法。

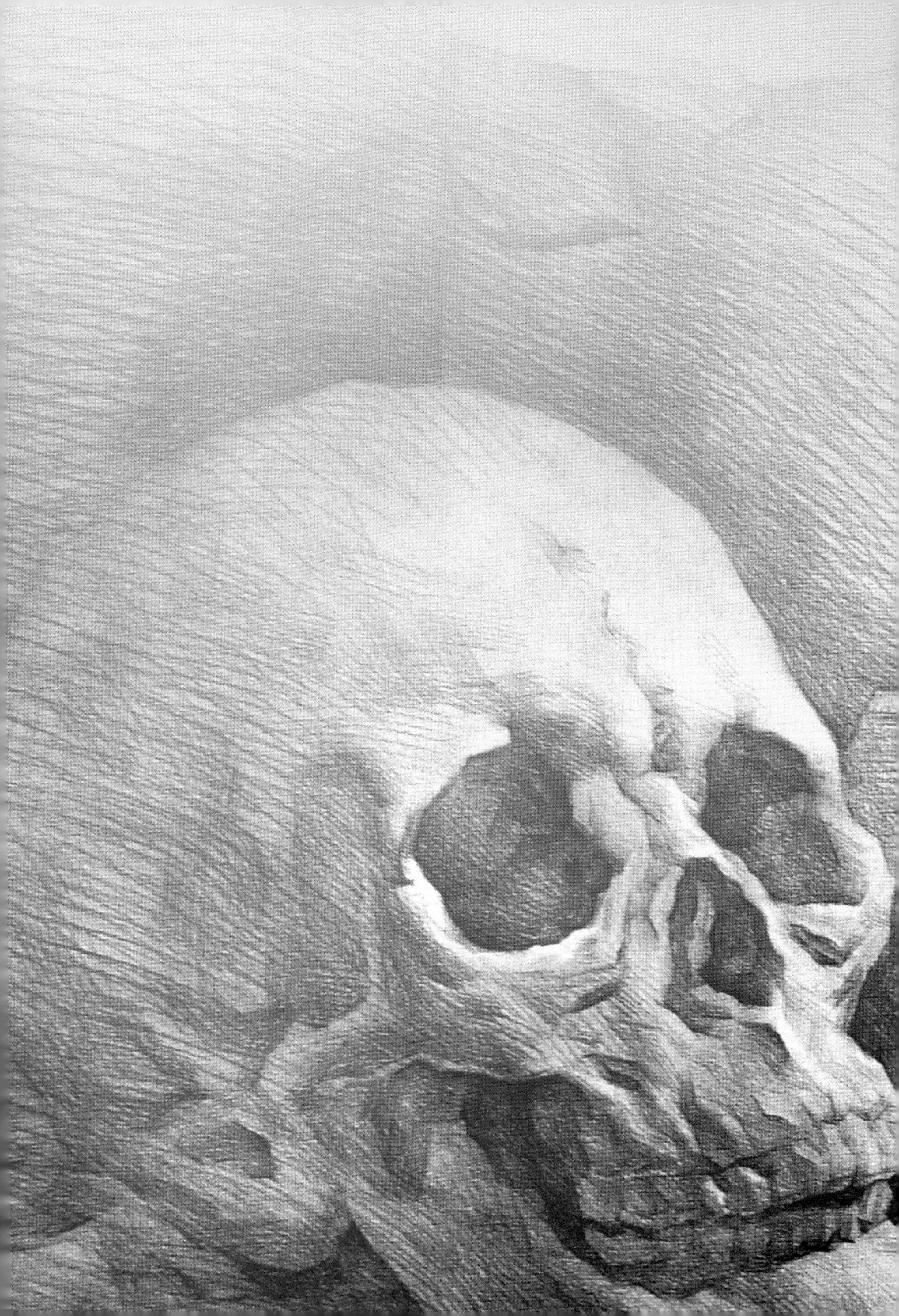

第三章
头像素描

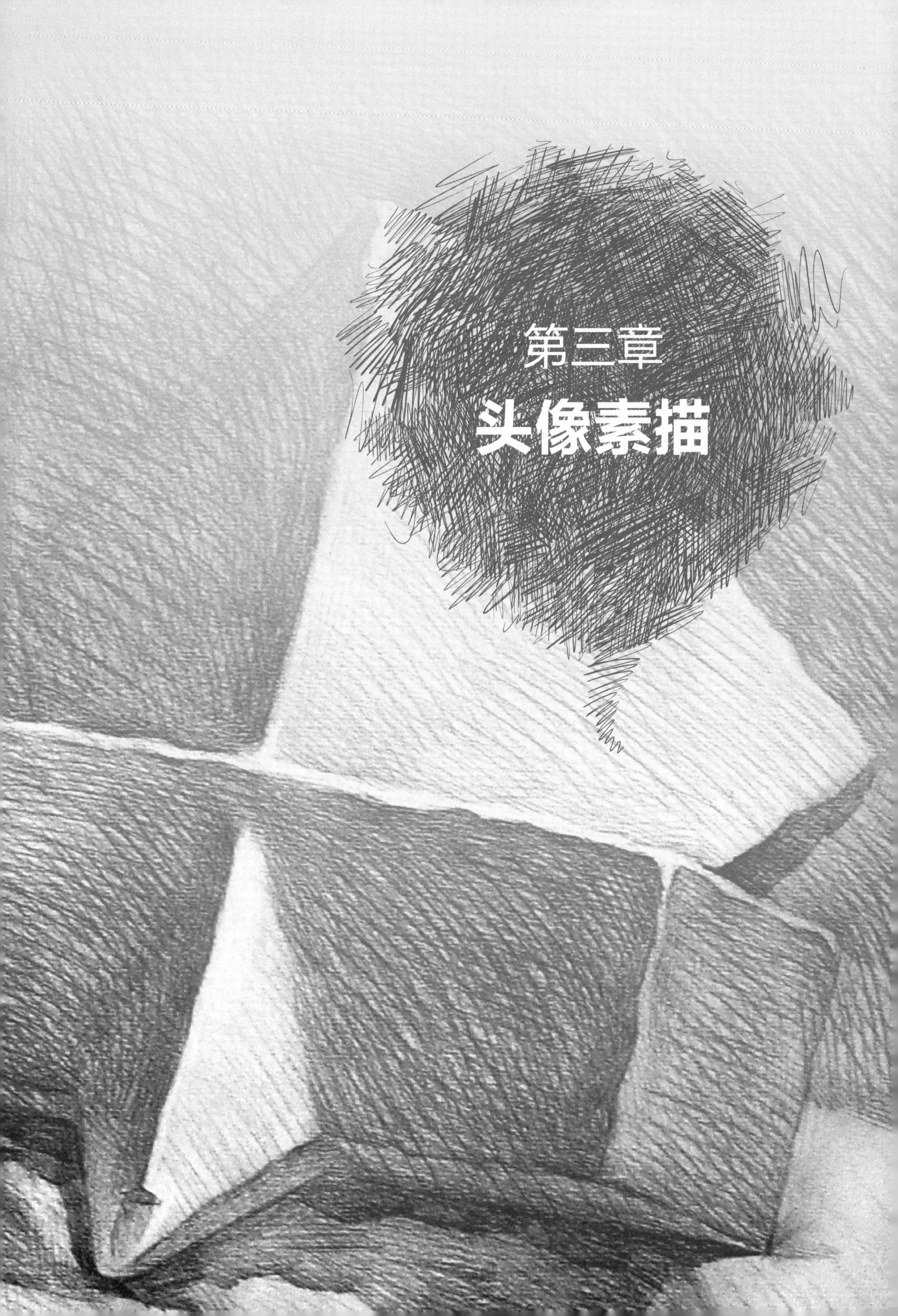

学习要点及目标 | 本章为学习头像素描的重要知识，了解头部的基本知识，运用化繁为简的方法掌握头部的结构特征，掌握头像素描的正确绘画方法和步骤。

第一节 人体结构与比例

一、人体的骨骼

骨骼决定着人体比例和外形，它是人体固定的支架。关节是人体运动的枢纽，决定着肢体运动的方向、范围和衣褶的变化。骨骼的上面是肌肉和皮肤，肌肉的收缩牵引着关节，使人体自如地运动。

人体骨骼由不同形状的206块独立的骨头组成，大多数是成对的。骨骼主要包括头骨、胸廓、骨盆、上下肢骨四部分。由脊椎骨连结着胸廓和骨盆，这两大块在人体构成中体积最大，是人体的主体，上部由像圆柱体的颈与头部连接。手臂和腿都是由上下两部分组成，像上粗下细的圆柱体。两臂与肩连接，两腿与骨盆连接（图3-1）。

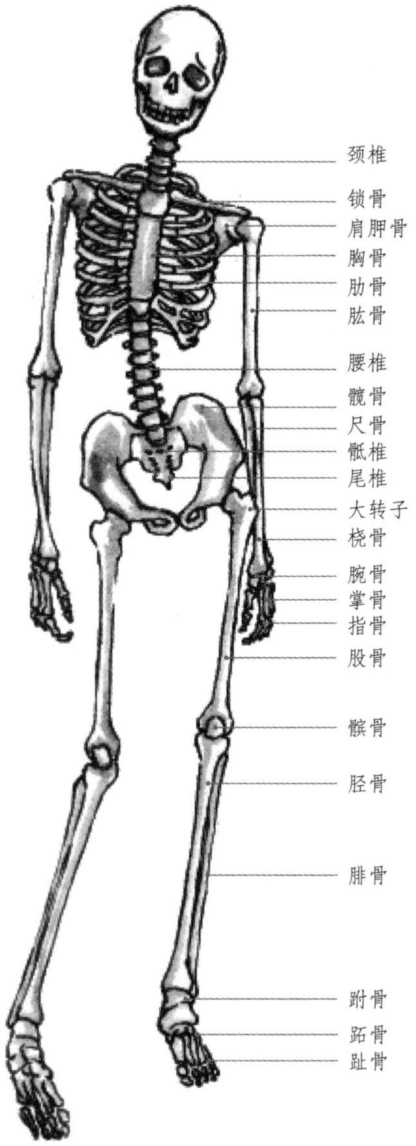

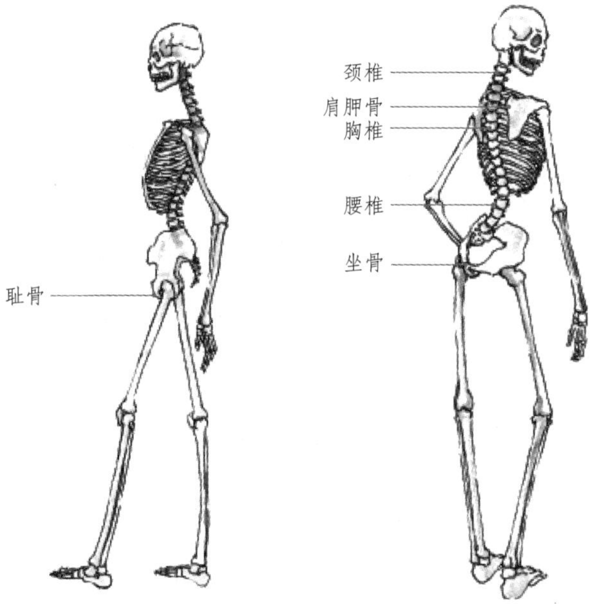

图3-1

躯干的运动通过骨骼上肌肉的伸缩，牵动关节做相对的转动或摆动，使头、手臂和腿全身产生着各种动作。人体的主要关节分为上肢关节和下肢关节。上肢关节主要有肩关节、肘关节、腕关节；下肢关节主要有髋关节、膝关节、踝关节。男女的躯体，在外形上不同，男性的肩膀较宽，骨盆较窄，而女性的骨骼则相反。

二、人体的肌肉

肌肉是形成体型的另一个重要因素。人体由600条块肌肉所组成，主要包括头部肌肉、躯干肌肉、上肢肌肉、下肢肌肉四部分。根据肌肉与体表位置的情况，肌肉可分为浅层肌和深层肌，大部分肌肉为深层肌。当人体骨骼关节活动时，多块深层肌及浅层肌同时作用（图3-2）。学习时要明晰这些肌肉位于人体的部位和其形状，以及人体处于动和静状态时，这些肌肉的形态对服装造型的影响。

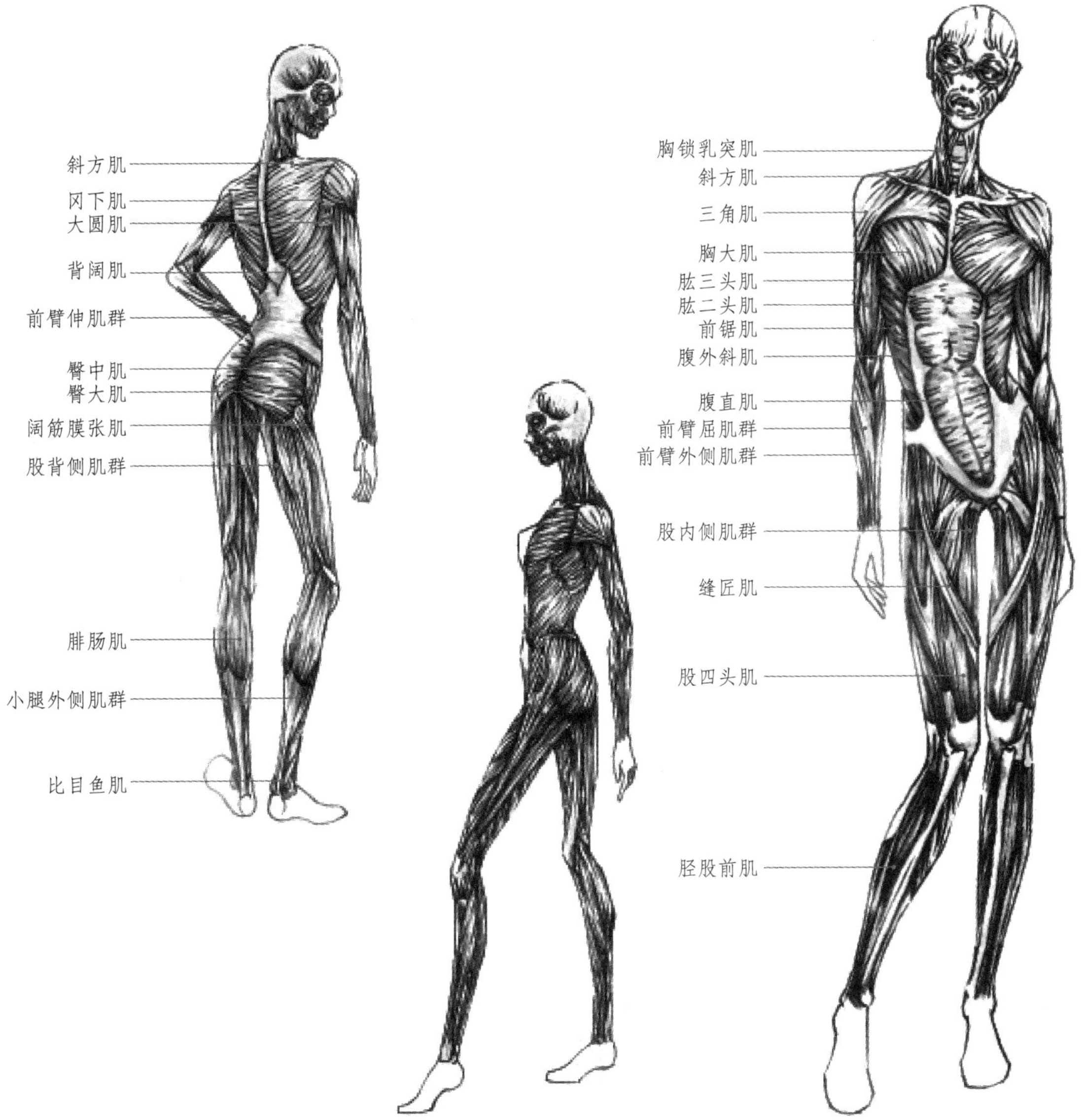

图3-2

三、人体的比例

成年人的人体基本比例为“立七半、坐五、跪四、盘三半”。具体比例分法为头顶至脚底，二分之一处为耻骨点。下颌至乳点、乳点至肚脐各为一个头长；躯干为二点五个头长；上肢为三个头长，其中上臂约一点三个头长，前臂约一个头长，手约零点七个头长；两臂伸展与人体等高；大腿约为两个头长，小腿包括脚在内为两个头长，脚为二分之一个头长。这是表现正常人体的基本比例（图3-3）。男女体特征分别是，男性肩膀较宽，锁骨平宽而有力，四肢粗壮，肌肉结实饱满，腰粗颈粗，臀窄，躯干呈倒梯形。女性肩膀窄，肩膀斜度较大，脖子较细，四肢比例略小，腰细，胯宽，胸部丰满，肩窄臀宽，胸廓呈蛋形，躯干呈正梯形。

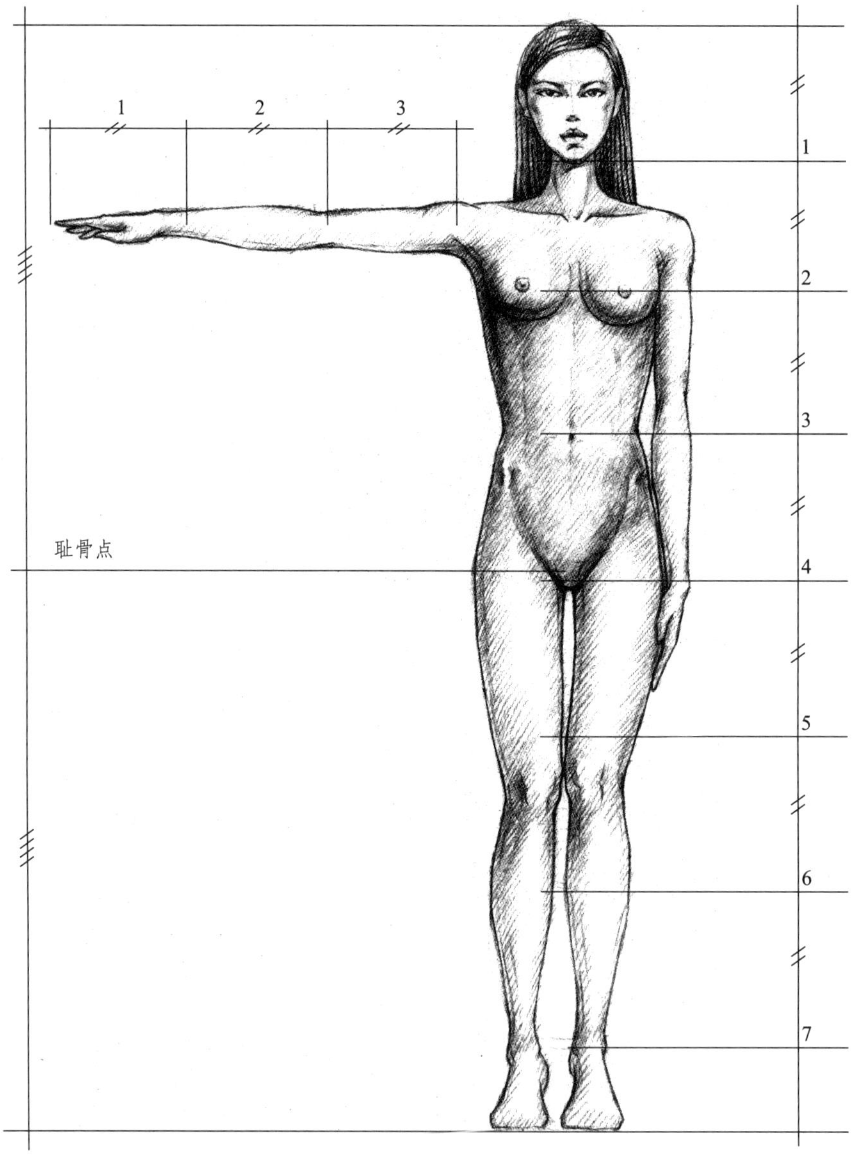

图3-3

四、手部与脚部

手部和脚部的骨骼较为明显，熟悉其结构对其表现很重要。手的结构可分为：腕、掌、大拇指和其他四指。手指除大拇指外，其他四指基本相似，在表现时注意它们之间的区别，同时注意它们活动的规律、方向、长短和关节的弧度。脚的功能主要是起支撑作用，脚后跟呈三角形，后高前低，形成陡坡，自后跟降至脚趾。同时注意脚跟、足弓和脚趾的形状和变化（图3-4）。

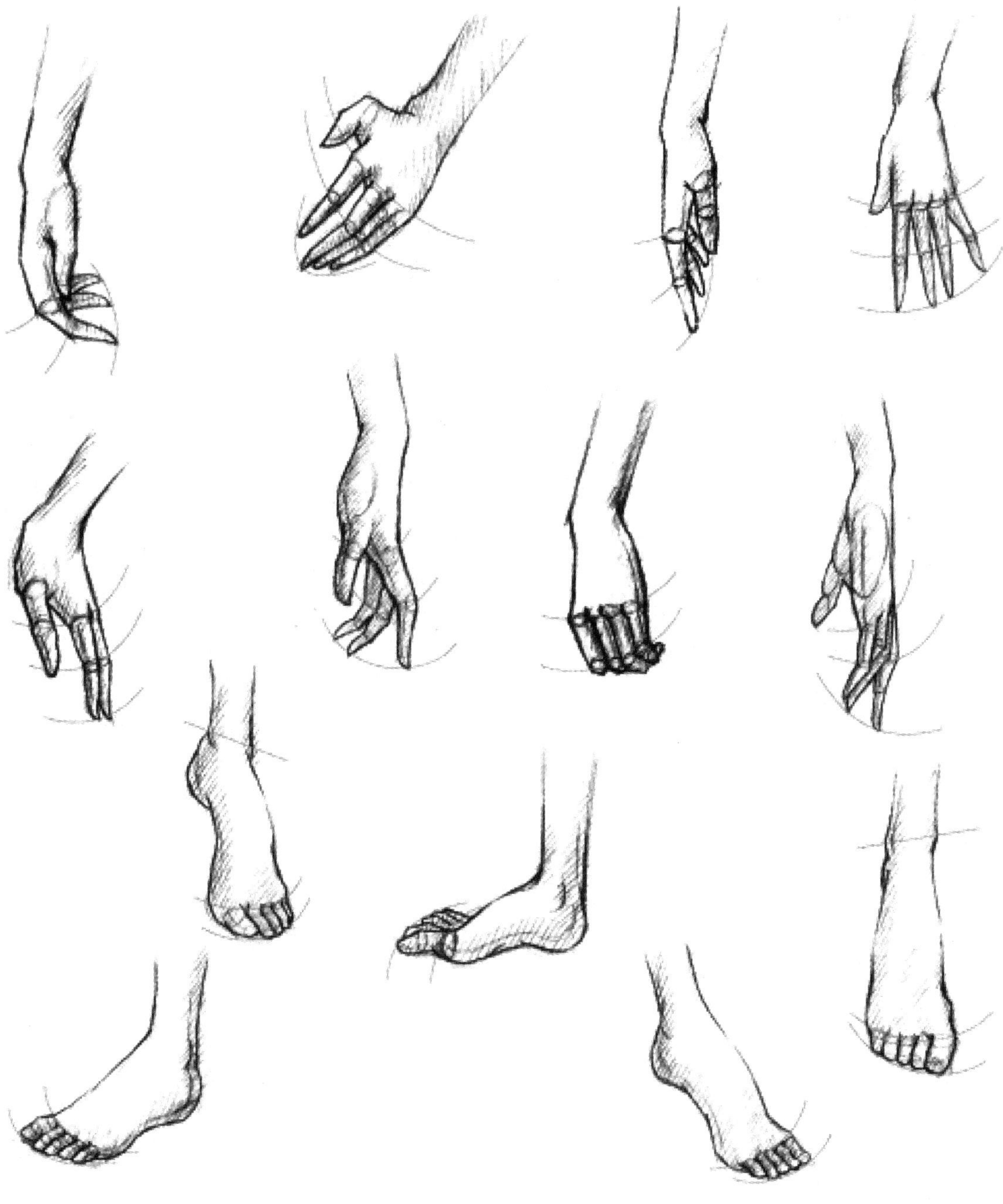

图3-4

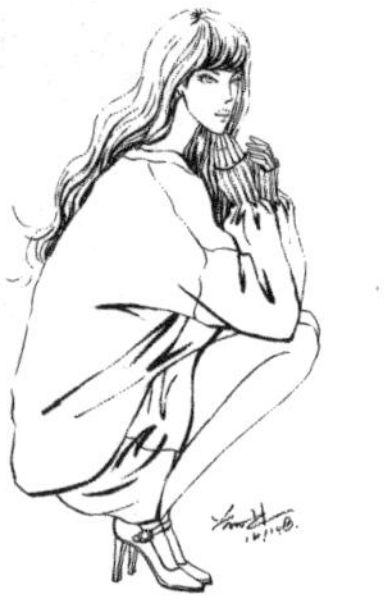

第二节 头部骨骼与肌肉

为了更好地表现头像素描，先要熟悉和了解头部结构的特征（图3-5）。头部骨骼共有二十二块，除了下颌骨外，它的骨架是固定的。其中八块骨骼：额骨、颧骨、鼻骨、颞骨、顶骨、上颌骨、下颌骨、枕骨，构成球状颅骨，其余十四块骨骼构成脸部，头骨的形状是头部外形特征的基础。骨骼的上面是肌肉和皮肤，骨骼靠近皮肤表外隆起的地方称“骨点”。“骨点”间连接形成的面，是头部基本的体面。头部的主要骨点有：顶盖隆起、额丘、顶隆起、眉弓、鼻骨、颧骨、上颌骨、下颌骨、颏隆起、枕外结节等。骨点位置的差异，形成了外部形体的差异，这对塑造头像起着重要作用。固定的头骨结构构成头部长方体的基本体积，前额、颧骨宽度的大小决定了脸型的宽窄。男性头骨坚厚，方中有圆，以方为主，有棱角。女性头骨较薄，以圆为主。

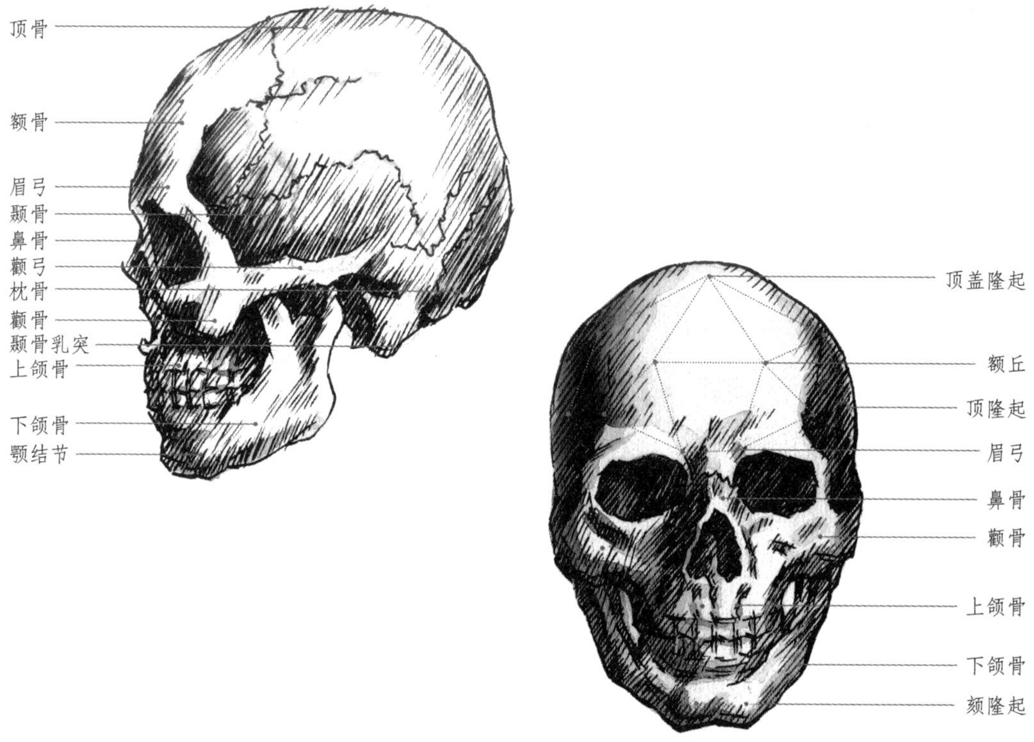

图3-5

头部的肌肉多由较薄的肌肉群组成，如额肌、皱眉间肌等，它们的伸缩变化对头部外形影响较小。有些部分由较厚的肌肉群组成，如咬肌、口轮匝肌等，它们伸缩变化时对头部外形影响较大，如口部周围的肌肉伸缩引起嘴的张或闭等。头部肌肉的伸缩往往反映出人们的情绪，对刻画人物的表情十分重要，如皱眉间肌收缩往往显示出思索、严肃的表情，舒张时往往显示出舒畅、愉快的神情。口部和眼部肌肉的伸缩，使眼、嘴开或闭，能够反映出人们喜、怒、哀、乐等不同的神情。一般欢乐、愉快的表情是通过颧肌等使嘴角、下巴、鼻、脸颊向外上方拉起形成的，因此属于扩张的肌肉。而悲苦、愤怒的表情则是通过皱眉、眼、口、鼻向下或向内运动形成，因此属于收缩的肌肉，人的表情的变化是依赖这些收缩肌、扩张肌不断地变换运动来完成。咬肌占据了两颊的外侧面，连接颧骨和下颌骨上端，在咀嚼食物或愤怒时，这块肌肉形状变化很明显（图3-6）。

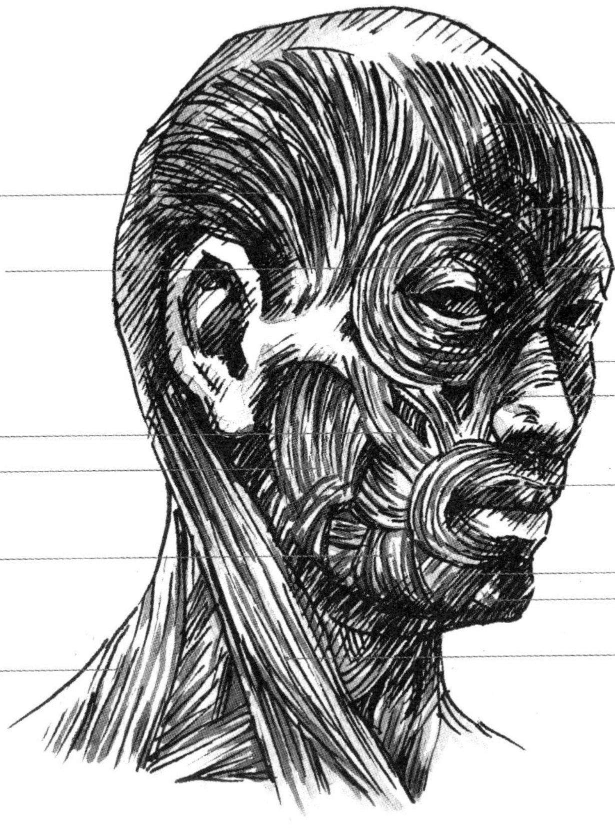

图3-6

脑颅部的骨骼决定脑颅的外形和体积，面部的骨骼决定脸型的宽度，通常脑颅的外形与脸面的宽窄相适应。头骨的结构，决定了头部的基本形体，而肌肉与骨骼的结合，使头部形象具体而丰满，并富有生动的表情变化。掌握头部的基本形特征，再具体分析各局部的形体结构和个性的差异，结合头部肌肉的结构与特点，从结构的本质上去表现头部。

第三节 头部结构的概括与理解

大道至简，头部的结构较为复杂，为了便于理解头部的体积和明暗变化，可以利用简单的几何体概括归纳理解头部的变化。

一、头部整体的概括和理解

用长方体概括整个头部，便于理解头部的空间结构和明暗色调。从额骨到眉弓、颞线、颧骨和下颌骨的连线，构成了头部不同面的转折线。可以看出眉、眼、鼻、嘴在同一个面上，耳朵长在两个侧面上。由此，除耳朵外从平行的关系上概括理解五官和整体的明暗变化，看它们和长方体的哪个面平行，其明暗色调也是平行关系。如眉弓下面、鼻下面与下颌面，鼻侧面与脸侧面等，这样概括便于理解五官与头部的整体明暗关系（图3-7）。

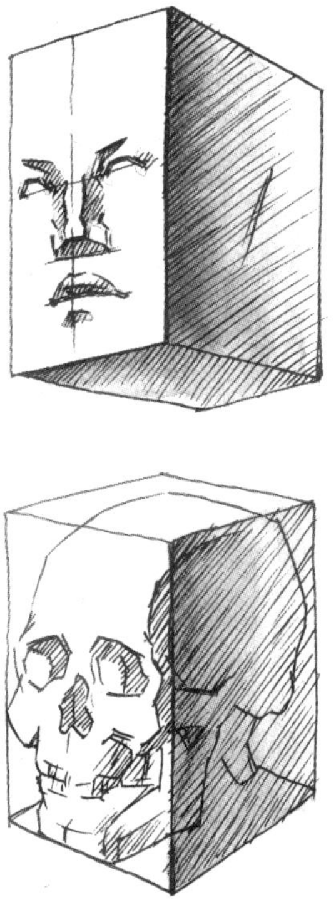

头部空间结构与明暗变化的理解

把头理解成一个长方体，转折线的位置。

图3-7

二、局部五官的概括和理解

同理可以把眼睛理解成球体（图3-8），鼻子可以理解成圆锥体（图3-9），嘴巴是依附在呈圆柱形的上下颌骨上的，用圆柱体作比较，容易掌握它的透视变化（图3-10）。化繁为简地结合几何体的知识，容易理解和表现它们的体面关系，然后再进行形体的真实造型刻画，这样便于掌握复杂的形体塑造。

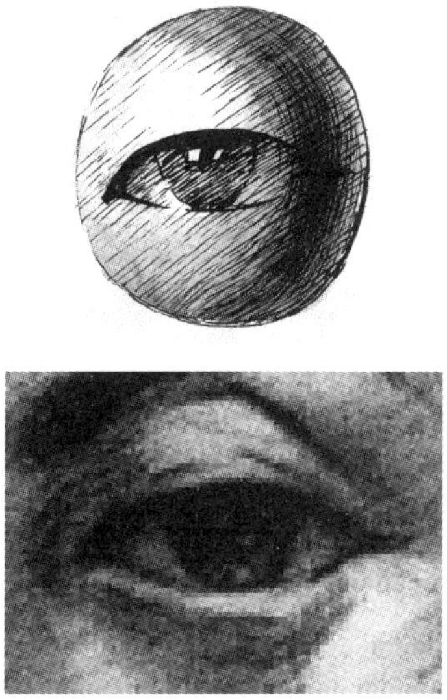

图3-8

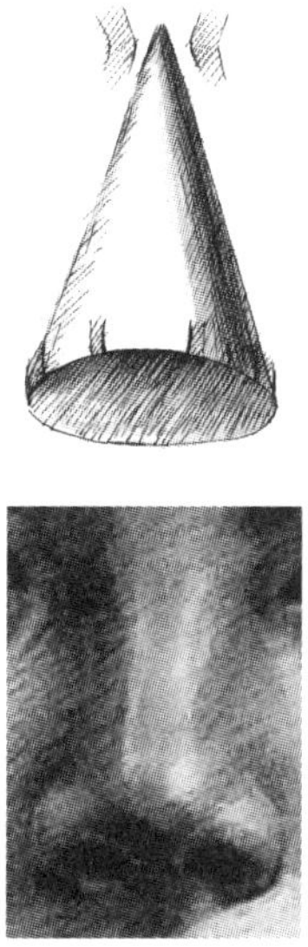

图3-9

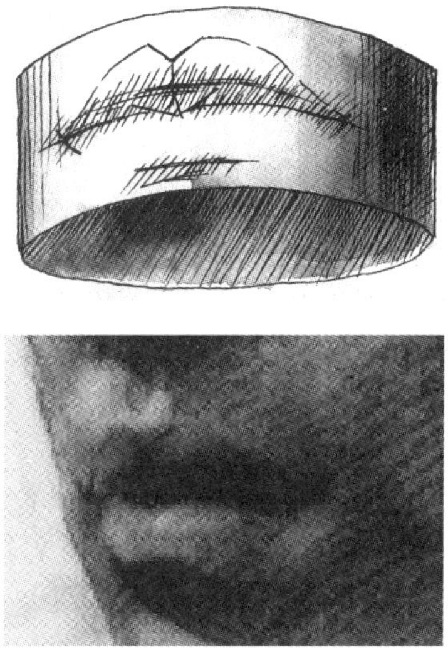

图3-10

三、五官的分面理解

从分面细化的角度来分析理解五官的结构和体面变化。

（1）眼的上方眉弓向前突出，下面是结实的颧骨，内侧是隆起的鼻梁。眼睑有一定的厚度且上睫毛较明显，由于受光的原因，上眼睑色调暗，下眼睑色调亮。表现眼睛时应准确表现其周围的形体结构（图3-11）。

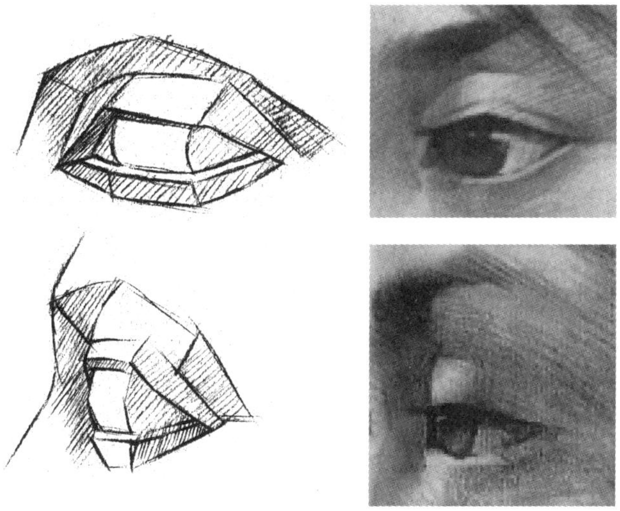

图3-11

（2）鼻由鼻骨与鼻软骨组成，上半部分是鼻骨，下半部分是鼻球和左右对称的鼻翼。因空间和结构的原因，鼻骨部分应表现得明确肯定，鼻球、鼻翼应画得圆厚。鼻孔的形状随鼻形而变化，与鼻翼有很大的关系。受反光的影响，鼻孔不可画得太黑，注意其结构变化。鼻子突出在脸部中央，它的位置，与眼、嘴的比例关系，往往是牵一发而动全局。因此，鼻的表现是否正确，对表现面部很重要（图3-12）。

（3）嘴由上下嘴唇组成，上嘴唇前突，棱角分明，向下倾斜。下嘴唇圆厚，中部稍稍下凹。嘴的上方是人中；由于下颌骨隆起，嘴的下方形成唇沟。由于口液滋润和受光的缘故，下嘴唇往往会出现较亮的高光。在表现嘴时，不仅要把上下嘴唇看作半圆形的整体，而且要把它与周围肌肉的起伏连续起来观察和表现（图3-13）。

（4）耳朵在头部的两侧距面部较远的位置，是五官中最弱的部分。造型主体是外耳壳，由耳轮、耳丘、耳垂、耳屏几个部分组成。表现时除注意其与面部的空间关系外，还应注意其起伏穿插及其厚度（图3-14）。

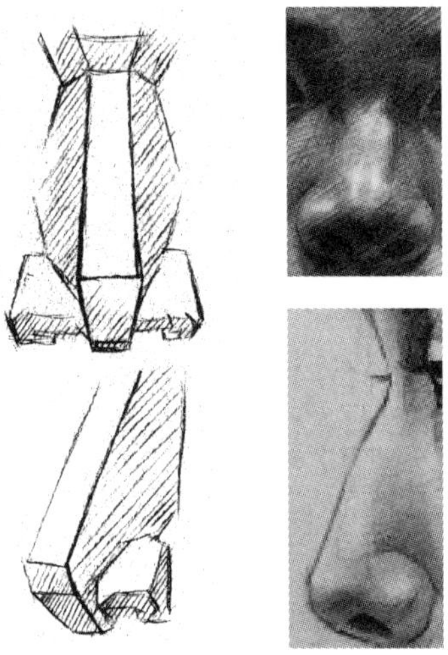

图3-12

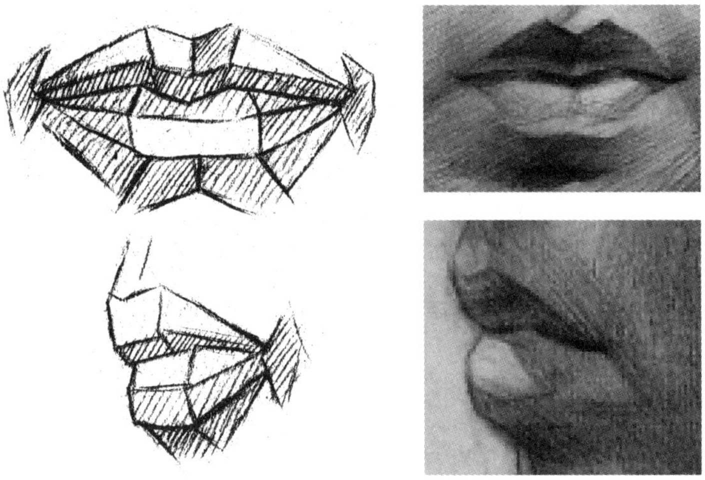

图3-13

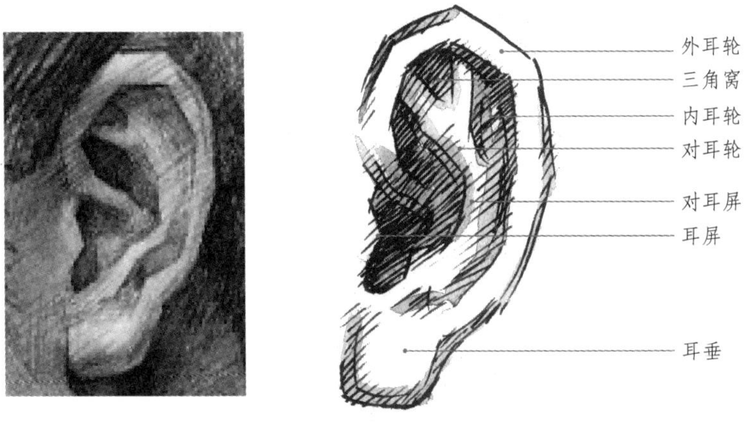

图3-14

四、示范作品（图3–15）

图3–15

第四节 头部比例与透视

一、头部五官的基本比例

头部五官的基本比例，成年人的眼睛约在头部长度的1/2处，儿童的则在1/2以下。从正面看，脸的宽度约是五只眼的宽度，从发际线到眉弓，从眉弓到鼻底线，从鼻底线到下巴，这三部分的距离大致相等，这就是常说的“三庭五眼”。嘴巴在下庭的1/3处，耳朵对称地生在头部的两个侧面，高度与眉弓至鼻底线的高度大致相等（图3-16）。从正侧面看，外眼角到耳朵约有两只眼的距离，耳屏的位置约在侧面头部的中间（图3-17）。头部的基本比例，在表现时只能作为参考，多比较观察对象的个人特征，避免“千人一面”。

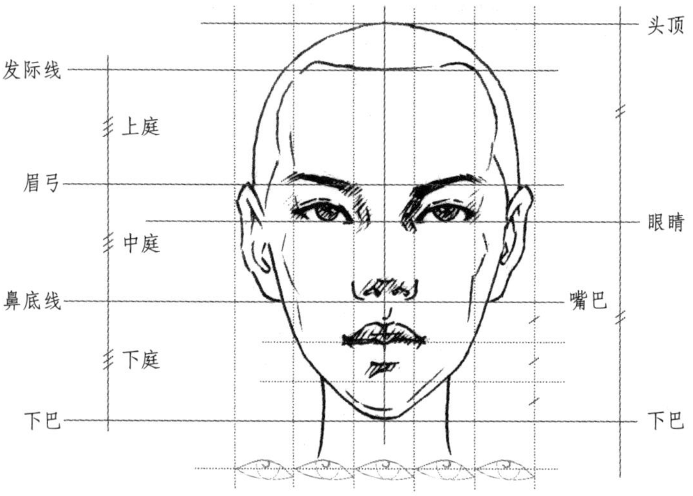

正面头像的基本比例

图3-16

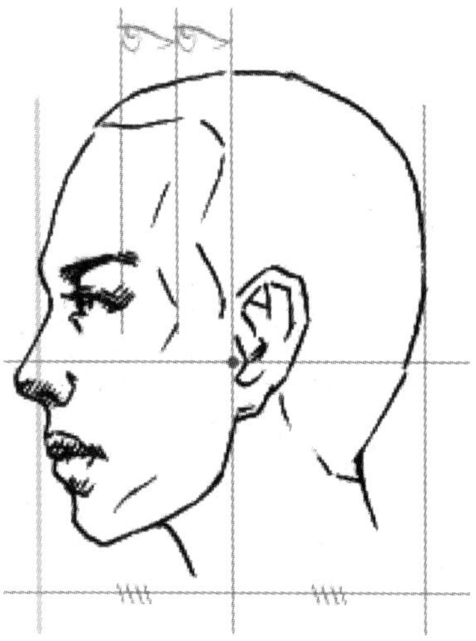

1/2 侧头像的基本比例

图3-17

二、头部透视的表现

在平视的前提下，不同角度“三庭五眼”的基本比例变化的规律是，头部长度比例基本没变，宽度比例全部改变（图3-18）。

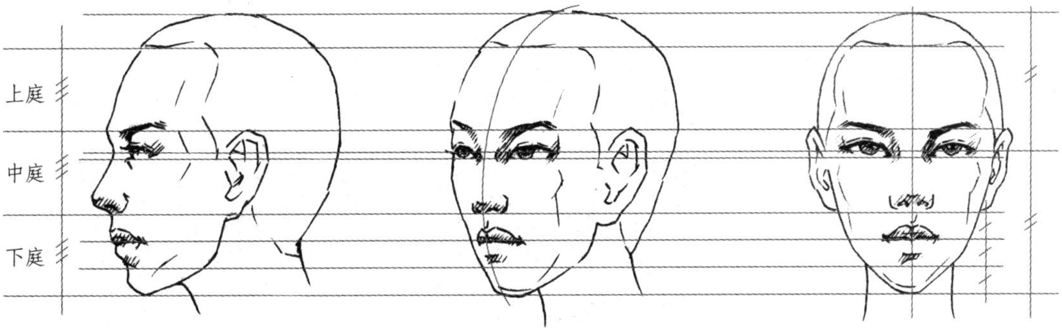

图3-18

在表现头部的透视时，可以把头部理解成为一个立方体，借助于这个立方体的透视关系来表现出头部形体的透视变化（图3-19）。在俯视和仰视的情况下，头部通过颈部的运动前俯后仰，左右转动，承受着运动方向的变化。视线的高低与差异，带来头部的透视变化，如仰视、俯视、平视、侧视等变化。五官位置所在的水平线，则随其变化产生各种透视的弧线变化。头抬起来时，嘴、眼、鼻则在耳朵的上面；当头部往下低落时，嘴、眼、鼻则在耳朵的下面。掌握与理解这些透视变化规律，有利于把握头部的形体变化。

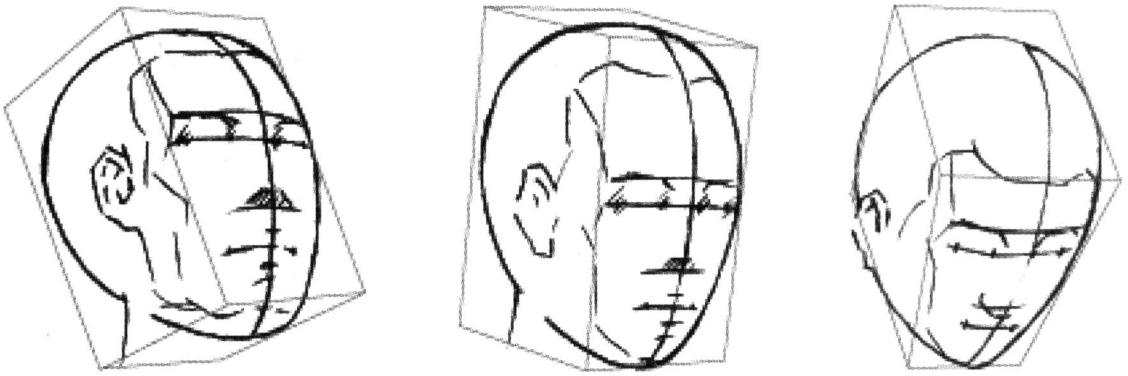

头部和五官位置透视的变化

图3-19

三、示范作品（图3-20、图3-21）

图3-20

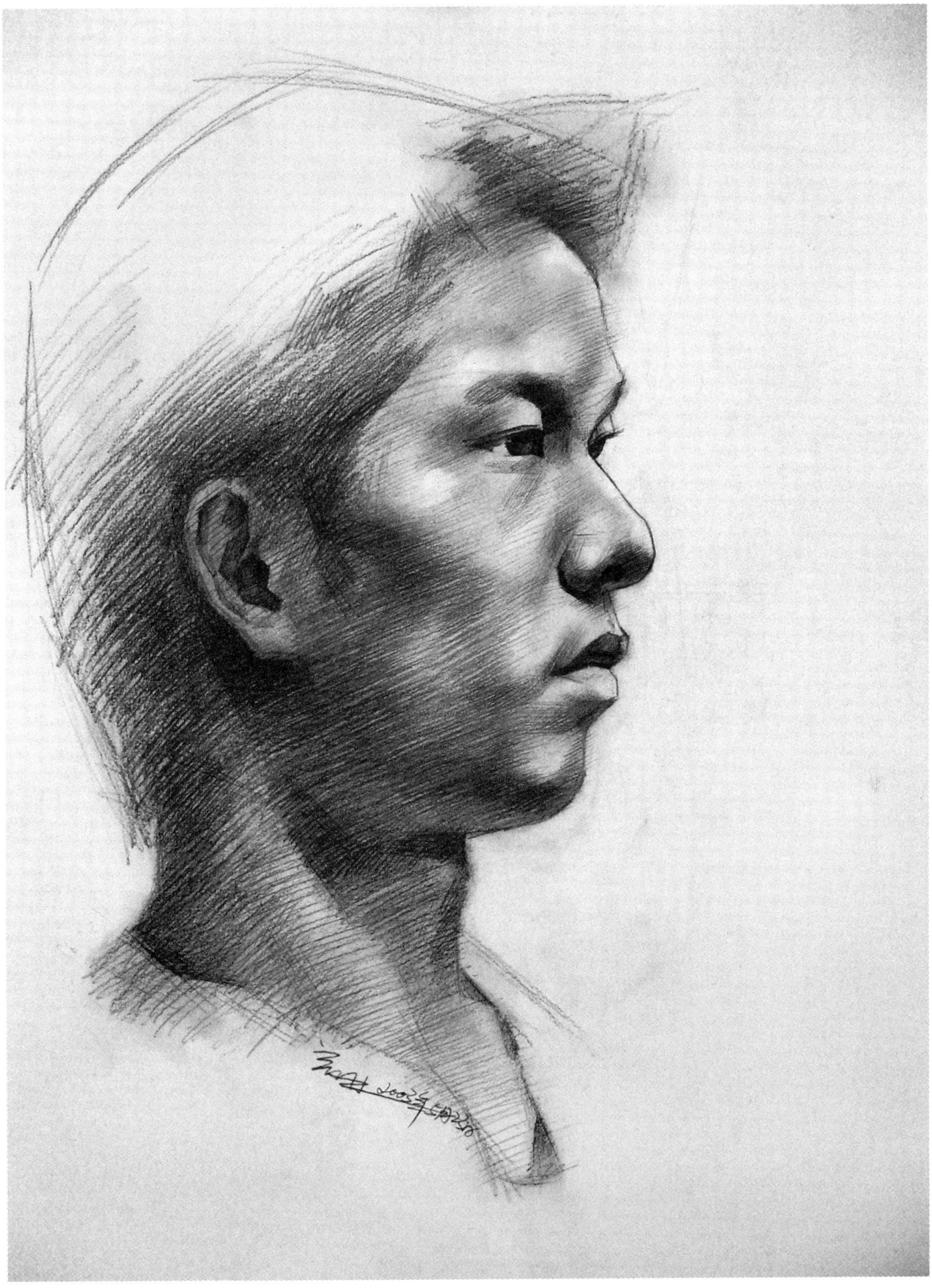

图3-21

第五节 头部素描的步骤和方法

头像素描应注意在整体关系正确的前提下，再求局部的精致变化。所表现的对象都是不可分割的整体，具有内在的相互联系，不论是结构、比例、黑白、体面、面线关系，都是相对存在、互相制约的，如果孤立片面地去对待，就会失去画面的整体性。

一、实训案例一

1. 概括大形（图3–22）

用直线概括出对象的基本外形形态、比例和透视关系，确定构图。

2. 概括基本形态（图3–23）

根据头部的结构关系，概括出对象的主要形体结构，注意相互间的依存关系。

3. 概括大面关系（图3–24）

在方体意识下，从明暗交界线着手，概括表现头部大的形体关系、形体结构及其特点，始终保持同步进行。

图3–22

图3–23

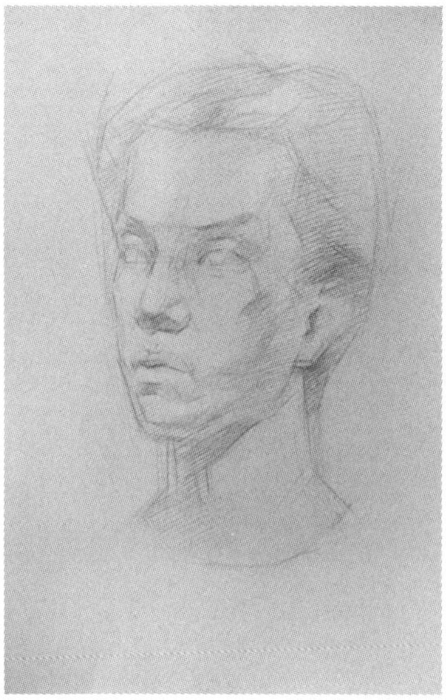

图3–24

4. 局部刻画（图3–25）

把握住对象的特征，细化五官的形体特征。强调和明确五官的体面变化及整体的结构关系。

5. 整体调整（图3–26）

从整体效果出发，加强和减弱画面的主次和虚实关系，使主要形象特点鲜明突出，画面丰富以及整体突出。

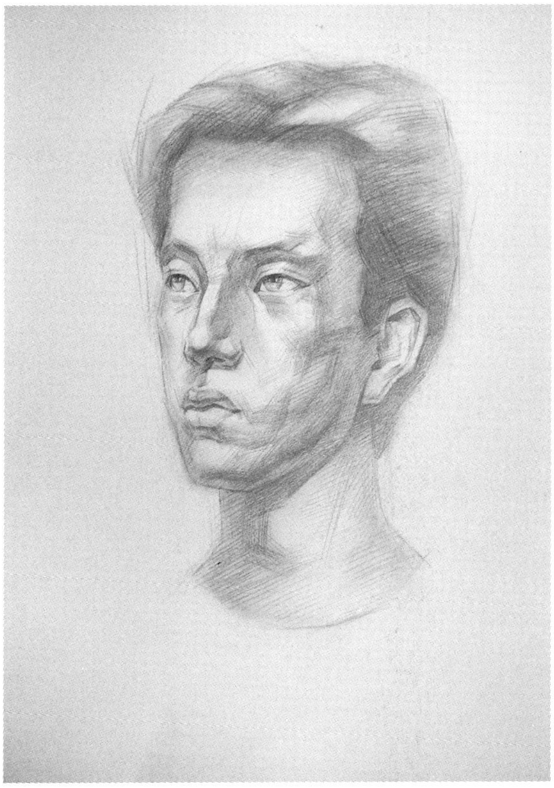

图3–25

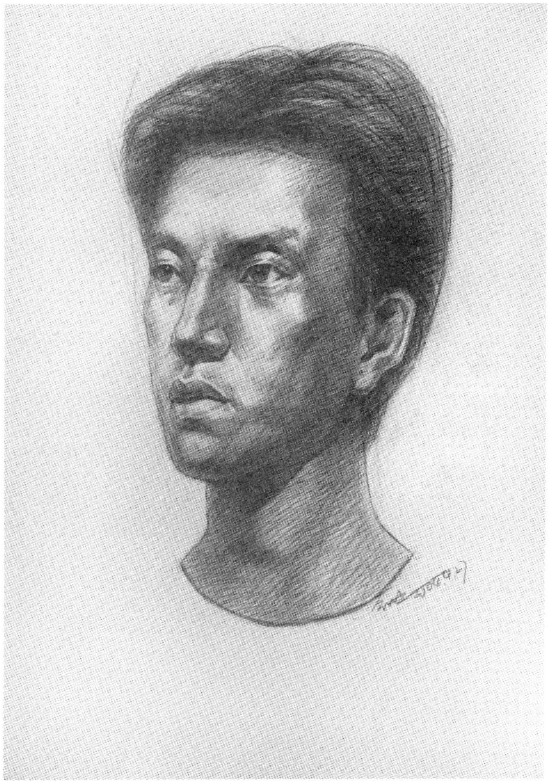

图3–26

二、实训案例二

1. 概括正面头部的基本形态（图3–27）

用长直线概括出头部的基本形态与特征、五官比例和透视关系，确定画面的构图。

2. 概括主要结构与形态（图3–28）

根据视角和头部结构特点，用短直线确定正面头部的主要结构与形态特点，不拘泥于细节的表现，把握好整体的变化及其相互间的结构关系，注意线条的轻重关系。

3. 概括主要的大面关系（图3–29）

根据光线的影响，结合头部的结构和理解左右反复比较，概括主要的形体特征及明暗层次变化。分出主要结构的受光与背光，注意前后左右的主次和虚实变化，及同步比较进行。

图3-27

图3-28

图3-29

4. 局部刻画（图3-30）

深入刻画五官与头发的形体变化和结构特征，着重强调五官结构与形象的特点。头发作为依附头骨的整体来塑造，表现其层次变化。注意女性的面部结构不易强化，突出女性感。

5. 深入与调整（图3-31）

从整体效果出发，继续深入，画局部，看整体，反复交替，互相促进。多比较正面头像结构的左右特征与虚实变化，强调其结构特征。注意最后在层次分明的情况下，根据发型特点用相应的线条概括表现其发型变化。

图3-30

图3-31

三、实训案例三

1. 概括头部基本形（图3–32）

根据视角和头部特征，用简洁的基本形，概括头部整体的基本形态、五官比例和透视关系。

2. 概括主要的基本结构和形态（图3–33）

根据头部结构，明确4/5侧头像的主要结构与形态特征，在理解的情况下，明确其结构相互间的关联性，不被细节束缚，注意线条的轻重起伏与变化。

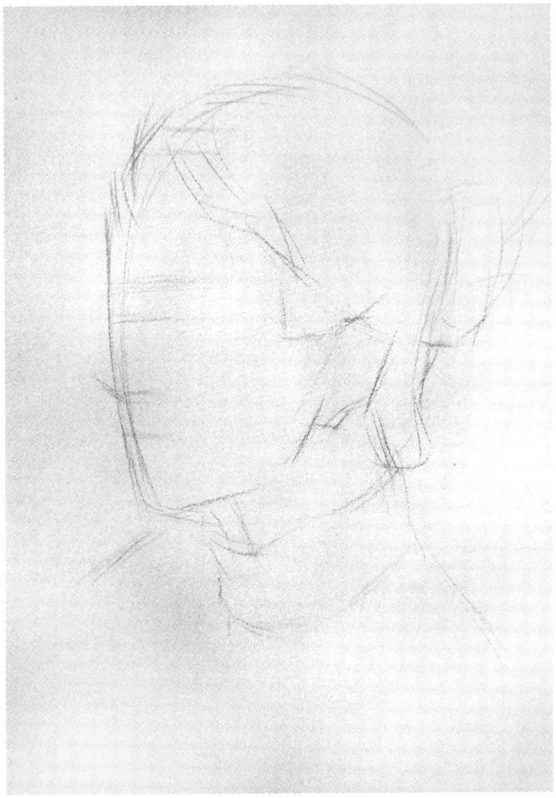

图3–32

图3–33

3. 概括确定基本面的明暗层次（图3–34）

用轻重不同的色调层次，概括出对象的大面关系，注意其形体结构及特征，以及头发的大面层次变化。

4. 深入刻画（图3–35）

从五官入手，局部逐次地深入刻画头部五官与头发的主要形体结构与人物特征，明确其结构和形体变化的特点。注意头部、脖子与肩的前后穿插关系。

5. 整体调整（图3–36）

调整的过程也是深入的过程，从整体出发，强调对象的头部形象特点，注意4/5侧五官的结构变化，强调其主次和空间关系。明确其相互间的结构关系，注意耳朵的结构变化与厚度关系。

图3-34

图3-35

图3-36

四、实训案例四

1. 概括头部基本形态（图3-37）

根据头部结构和视角特点，左右比较概括对象的基本形态变化，确定五官基本形态，比例及其透视关系。注意用炭精条的斜边确定大形。

2. 明确头部的基本结构与造型（图3-38）

根据3/4侧头部的结构特征与受光变化，从五官入手，用轻重不同的短直线明确和强调五官的主要形态与结构，注意其虚实变化。

图3-37

图3-38

3. 概括头部的大面关系（图3–39）

从主要结构的明暗交界线起，用炭精条的侧面概括其主要明暗层次，表现头部主要形体结构和主次变化，注意头与脖子关联的暗部处理。

4. 深入刻画（图3–40）

从五官主要的结构细节开始，局部逐次深入刻画对象五官与头发的主要形体特征，注意脸部与脖子的结构与层次关系。

5. 强调整体（图3–41）

在对比和统一中，从整体出发，调整画面的整体关系。使局部之间的各种关系都要服从画面的整体关系。

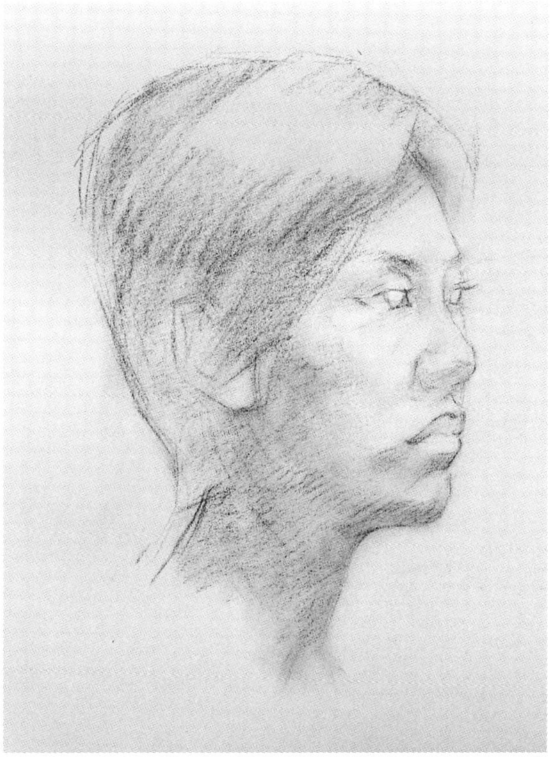

图3–39

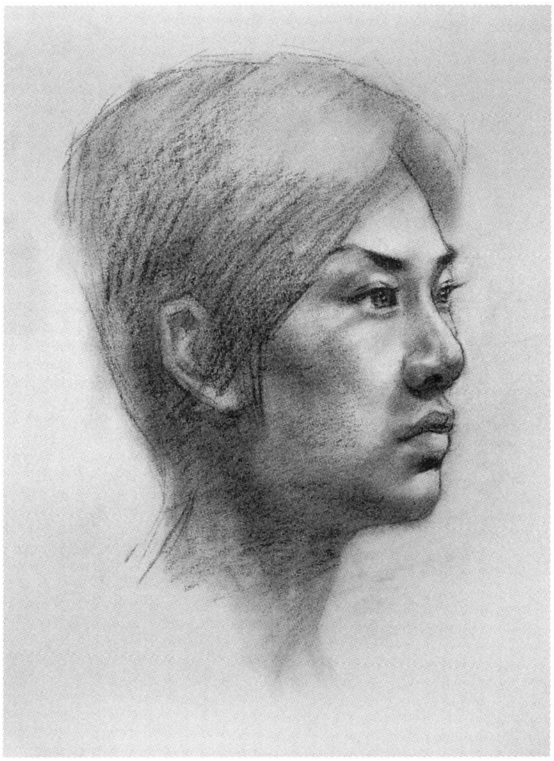

图3–40

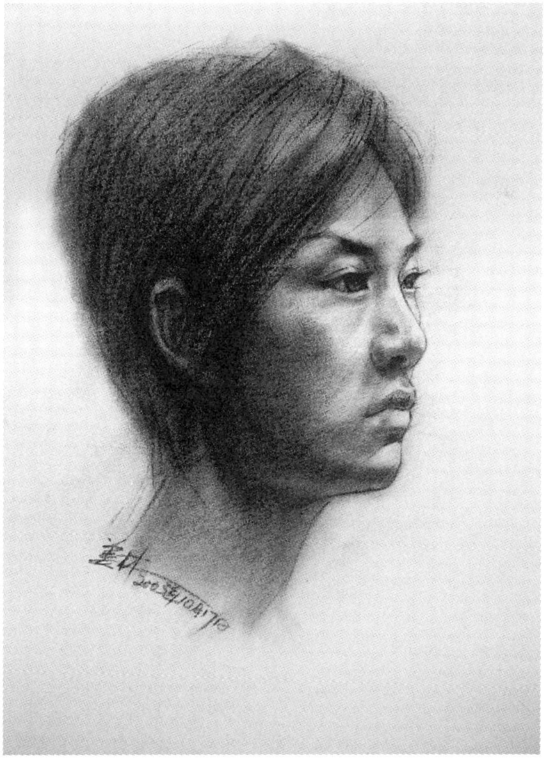

图3–41

五、示范作品（图3-42~图3-55）

图3-42

图3-43

图3-44

图3-45

图3-46

图3-47

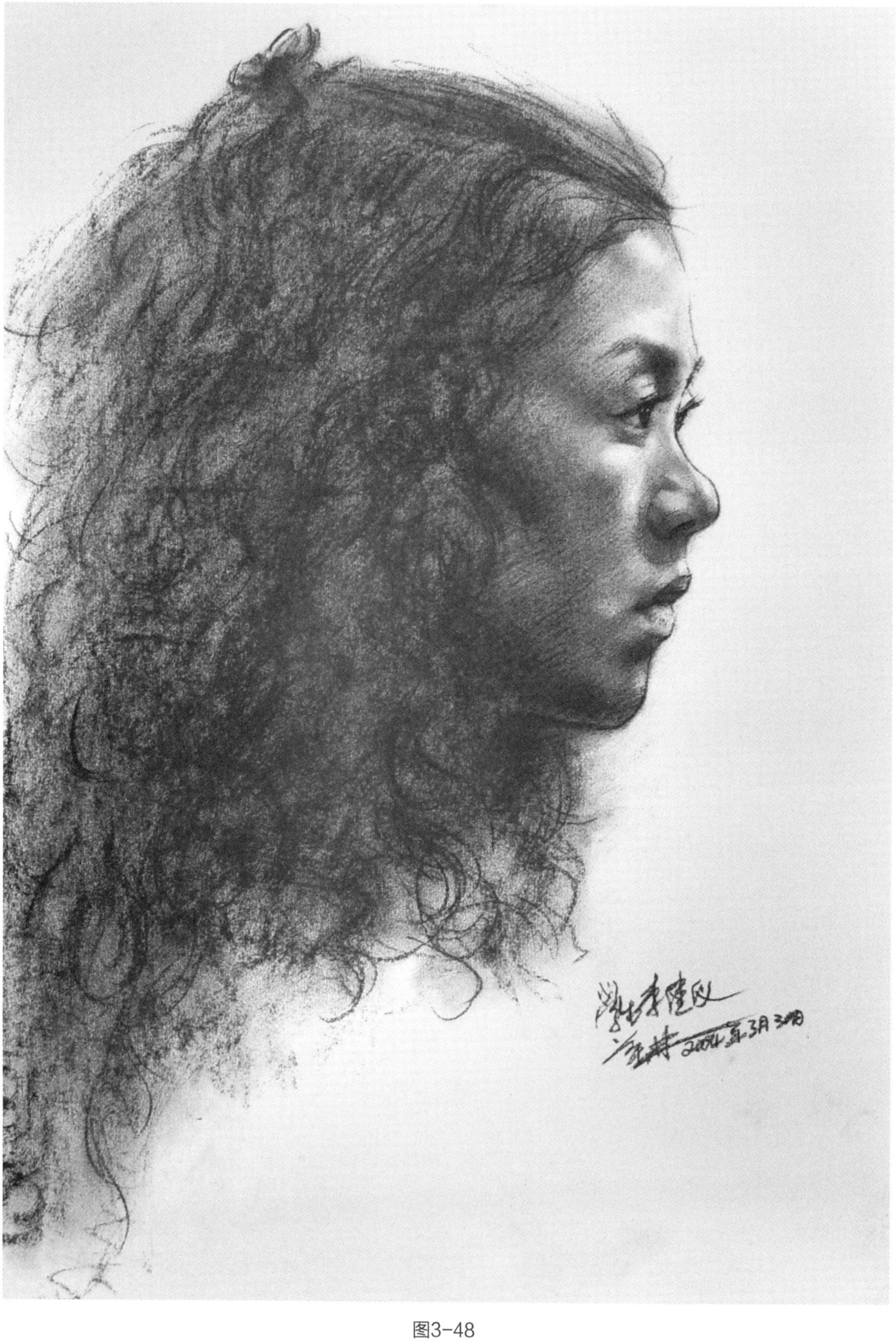

图3-48

图3-49

图3-50

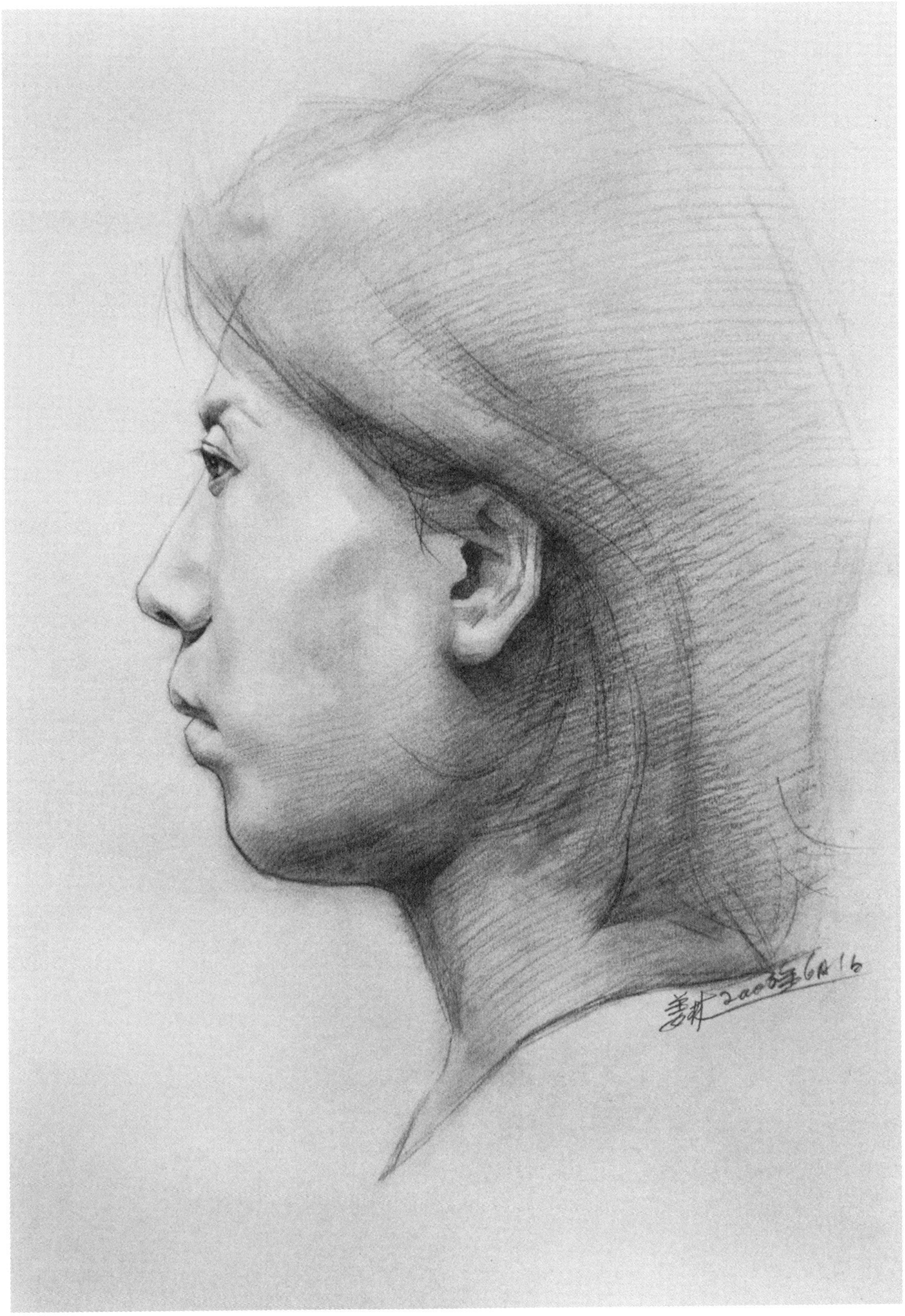

图3-51

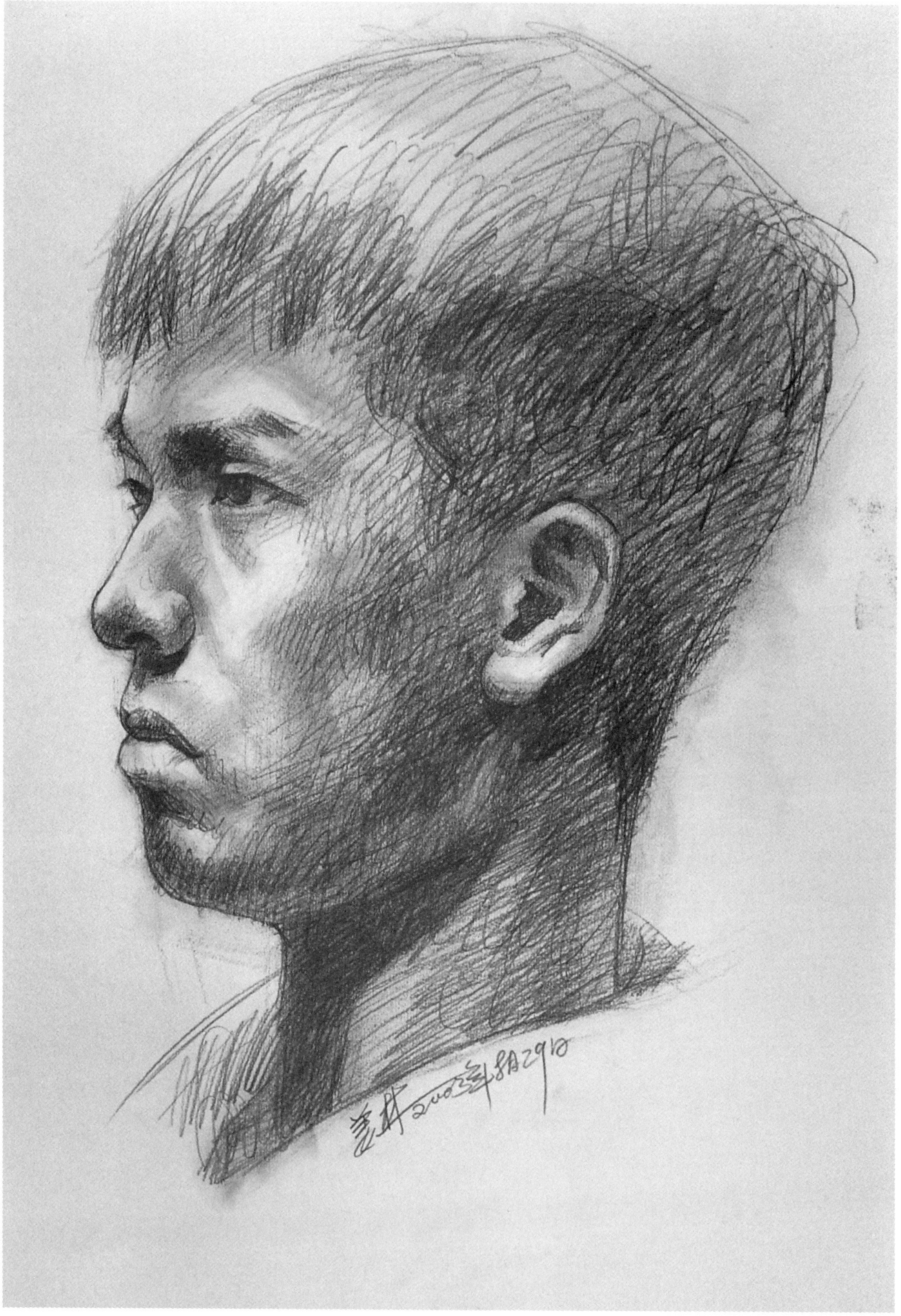

图3-52

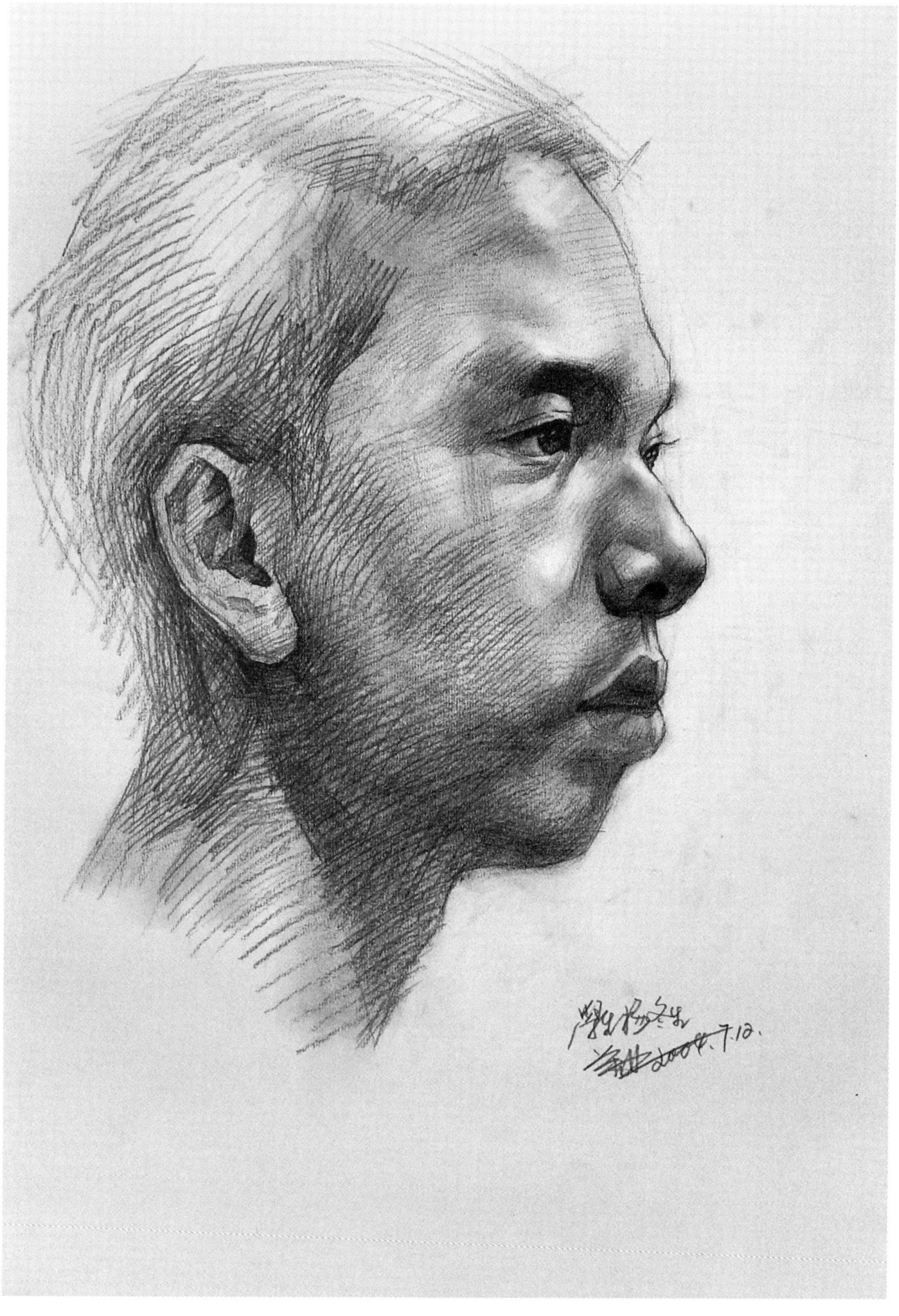

图3-53

图3-54

图3-55

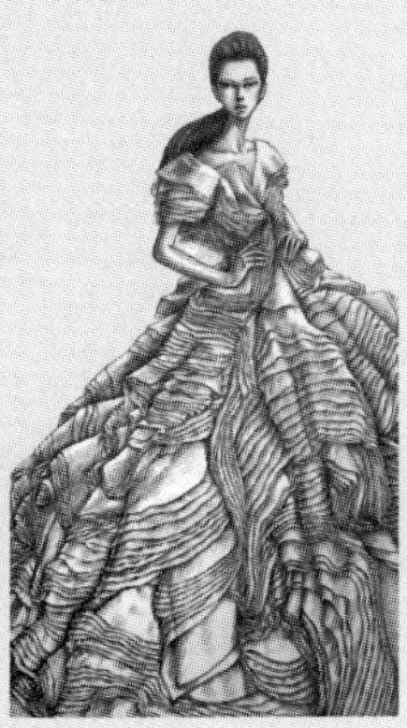

本章小结｜了解头部的基本结构知识，掌握把复杂头部概括成简单形体的方法，熟悉正确的素描头像的绘画方法和步骤。

实训案例｜根据实训绘画步骤，有序地训练，掌握头像的正确表现方法。

思考与练习｜把复杂的形体简单化，便于快速掌握复杂形体的变化，也是概括方法的具体应用。

实训课堂｜根据实训范图，练习掌握头像素描。

第四章

时尚头像素描

学习要点及目标 | 掌握正确的绘画方法，运用提炼夸张的手法表现时尚头像，并了解正常人体的基础知识。

第一节 时尚头像的比例与形态

时装具有鲜明的时代特征及其流行性，时装画作为时尚产业的体现，在塑造和表现方面，设计师常为强调时装的概念和风格等，多采用夸张和概括的手法。受流行和审美的影响，比例和形态会随着流行的变化而有所不同。加上设计师的喜好、审美情趣以及艺术素养等原因。在表现时，往往在基本比例的前提下，有所取舍和夸张，来强调和烘托时装的设计风格或概念。

形态上，时装画中头部的长和宽，常以黄金比例为参考，五官中鼻子和耳朵是可以弱化的部位，常采用概括的方法表现。眼睛、嘴、发型和配饰常是表现的主体，需要强化或夸张（图4-1~图4-4）。

图4-1

图4-2

图4-3

图4-4

第二节 时尚头像素描的步骤

用素描的手法塑造和表现时尚头像，表现的方法和形式同样要从整体入手，不要拘泥于细节。在色调层次上，常采用提炼概括的手法，表现模特形象的特征；而主次关系上，具有较强的主观性。

一、实训案例一

1. 概括大形、强化夸张的造型（图4–5）

根据时尚特点和主观审美，概括夸张发型和脸型，突出时代审美特点，下巴尖圆，脖子细长。

2. 明确夸张后的五官形态（图4–6）

夸张来源于基本结构，由此结合头部结构，根据时尚美感，采用概括提炼的手法明确夸张后的五官形态。

图4–5

图4–6

3. 概括出主要层次（图4-7）

提炼复杂的光影变化，用简洁的明暗色调概括大面的层次关系。

4. 深入刻画（图4-8）

从五官入手，提炼夸张眉型、眼睛、嘴唇、鼻子和发型的结构，使形象突出。

5. 强化整体形象（图4-9）

从整体效果出发，深入强化画面的整体时尚感。运用纸笔和橡皮的表现，强化领子和发型的质感。注重五官的细节表现，和整体的主次与虚实关系，使形象特点时尚鲜明突出。

图4-7

图4-8

图4-9

二、实训案例二

1. 概括形象的基本形（图4-10）

用基本形概括形象的构图、比例、透视与整体形态。注意头、脖、肩部的穿插关系，以及脖子部位会根据女性的生理特点夸张表现。

2. 明确基本形态（图4-11）

根据视角变化，确定夸张后的五官形态，突出表现眉、眼、鼻、嘴。注意3/4侧的结构特点，以及面纱与脸部的结构关系。

3. 概括基本层次的关系（图4-12）

概括形象的基本层次，舍弃不要的细节，强化突出形象的主要特征。注意头、脖和肩的主次关系。

图4-10

图4-11

图4-12

4. 深入刻画（图4–13）

五官部位为强化的主体，概括提炼刻画形象的整体特征，忽略影响形体的细节，把握最主要部分的结构和明暗层次变化，注重五官细节的塑造。

5. 突出强调整体（图4–14）

强化的过程也是深入的过程，从整体效果出发，为突出头发的质感而采用留白与加强背景的处理，衬托出头发的质感与特点。提炼概括面纱的层次和细节，注重整体的结构变化和画面效果。

图4–13

图4–14

三、实训案例三

1. 概括大形（图4–15）

用基本形概括形象的构图、比例、透视与整体形态。注意其动态特点以及头部和肩部的关系。

2. 明确基本结构与形态（图4–16）

根据透视与头部结构关系，结合男性特点，确定夸张后的基本形态。注意男性的表现，常采用夸张突出结构的手法。

3. 概括基本的大面关系（图4--17）

结合方体的意识，从明暗交界线概括形象的受光部与背光部，强化形象结构特征和男性感。注意发型与头骨的关系，以及概括大的衣褶变化。

4. 深入刻画（图4–18）

从局部开始，概括提炼形象的主要特征，采用强化夸张的手法，突出男性的结构特点，如颧骨、下巴和主要肌肉，突出男性感。

图4-15

图4-16

图4-17

图4-18

5. 强化整体效果（图4-19）

从整体出发，继续调整深入，强化光影与头部的结构变化，注意2/3侧左右的变化，在整体效果的前提下，加强暗部的光影对比，突出形象的气质和时代特点。

图4-19

四、实训案例四

1. 概括基本形（图4-20）

概括对象的基本形态，确定构图、比例、透视与形象特点。根据男性的特点，强化突出脖子的结构特征。

2. 明确主要结构的形态（图4-21）

根据光的变化与头部的结构关系，概括确定夸张后的形态与各部位的相互关系，强化男性的结构特点。

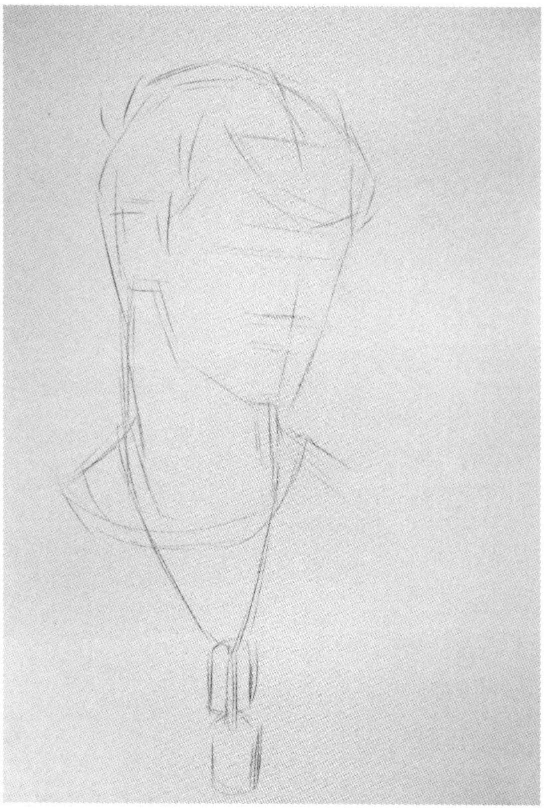

图4-20

图4-21

3. 概括基本的明暗关系（图4-22）

概括头部基本的受光部与背光部，强化对象特征，注意头发的块面处理，以及主次与虚实的变化。

4. 深入刻画（图4-23）

提炼形象的主要特征，突出五官部位及其相互之间的结构关系。强化夸张男性的结构特征，使形象突出。

5. 整体调整（图4-24）

从整体出发，通过加强减弱等概括方法处理形象的主要结构和形态，弱化点缀的项饰，突出和强化头部形象，注意概括脖子的结构特征及与头部的关系。

图4-22

图4-23

图4-24

五、实训案例五

1. 概括基本的大形关系（图4-25）

概括2/3侧头部的构图、比例、透视与头饰的整体形态。注意整体概括，不要被细节束缚，注意其相互间的关联性。

2. 明确基本形态（图4-26）

根据头部的结构关系和头饰特点，明确夸张五官与头饰的形态，注意强化头饰的空间与透视变化。

3. 概括大面的层次关系（图4-27）

用纸笔配合，从明暗交界线起概括出大的受光部与背光部，突出形象特征。注意同步表现和整体的虚实关系。

图4-25

图4-26

图4-27

4. **深入刻画（图4–28）**

概括提炼形象的主要特征，采用强化夸张的手法，突出头饰，使形象突出。注意头饰的虚实和整体的关系。

5. **深入与调整（图4–29）**

从整体效果出发，继续深入，通过明暗层次、比例和形态的对比，强化头饰的空间透视变化。为突出画面的整体感和头饰的装饰性，减弱脸部的明暗层次，强化主题，使画面主次分明，形象鲜明突出。

图4–28

图4–29

六、实训案例六

1. **概括形象的基本形（图4–30）**

用简单的基本形，概括形象的形态，注意头、脖与肩部的关系，夸张发型的大形，注意突出时代特点与时尚感。

2. **明确五官形态概括分出发型（图4–31）**

根据头部的结构关系和时尚特点，概括确定夸张后的五官形态，注意发型的分组与概括。

3. **概括基本的大面关系（图4–32）**

用纸笔配合，概括基本的受光部与背光部，强化夸张形象特征。注意同步表现及其虚实变化。

图4-30

图4-31

图4-32

4. 深入刻画（图4-33）

概括整理发型的层次变化，提炼刻画五官的主要特征，注意头身间的明暗层次，突出空间关系。

5. 整体调整（图4-34）

边深入边调整，从整体效果出发，强化正面五官的结构塑造和表现，注意左右的明暗变化，概括处理发型的层次变化，突出其前后左右的关系。强调画面的主次关系，及形象特点，使其时尚感鲜明突出。

图4-33

图4-34

七、示范作品（图4-35~图4-40）

图4-35

图4-36

图4-37

图4-38

图4-39

图4-40

本章小结｜掌握正确绘画方法和步骤，熟悉运用概括和夸张的手法表现时尚头像，了解人体的基础知识。

实训案例｜根据实训案例按步骤有序地训练。

思考与练习｜时尚的表现加入夸张的成分，目的为突出和强化时尚，而不同的年代时尚不同。

实训课堂｜根据实训图例练习，掌握夸张和概括表现的手法。

第五章

时装画素描

学习要点及目标 | 掌握时装人体的比例取舍和动态规律，服装和人体的关系，以及衣褶变化的规律和原因；掌握正确的绘画方法和步骤。

第一节 时装人体的比例与动态

一、服装人体的比例取舍

在时装画中，表现的主体是服装，为了体现服装的美感、风格或概念，在正常人体的基础上采用夸张和概括的方法，也就是在适当的部位做变形处理，将人体的比例拉长、美化、突出其特征（图5-1）。

图5-1

时装画中人体比例是一种理想化的比例结构，因时装的流行特点，使人体比例和形态的取舍带有鲜明的时代特征，而非一成不变。如20世纪七、八十年代流行职业女强人的概念，因而女装中加入了男装的元素，辅料上多用厚和圆的垫肩强调和夸张肩部。进入90年代后，流行女性化和极端女性化，如内衣外穿。肩宽回到了自然形态，辅料上多用薄垫肩或自然肩。

除此之外，时装人体的比例也会根据服装画的用途和风格特点不同，而有所不同。如以实用为主的效果图，多采用比正常人体略为夸张的9头长来表现。而以突出绘画艺术情趣为目的的时装画可能很夸张。同样为突出礼服典雅优美美感的时装画，则常采用10头以上的比例（图5-2）。

图5-2

夸张的重点主要是人体的下半身，这里以9个头长的比例分法为例：下颌至乳点、乳点至腰部、腰部到耻骨点各为一个头长；耻骨点到膝盖骨点、膝盖骨点到外踝骨点各为2个头长。立姿手臂下垂时，肘关节与腰部最细处平行，指尖位于大腿二分之一处。上臂和前臂，大腿和小腿相等，手和脚各为一个头长（图5-3~图5-5）。

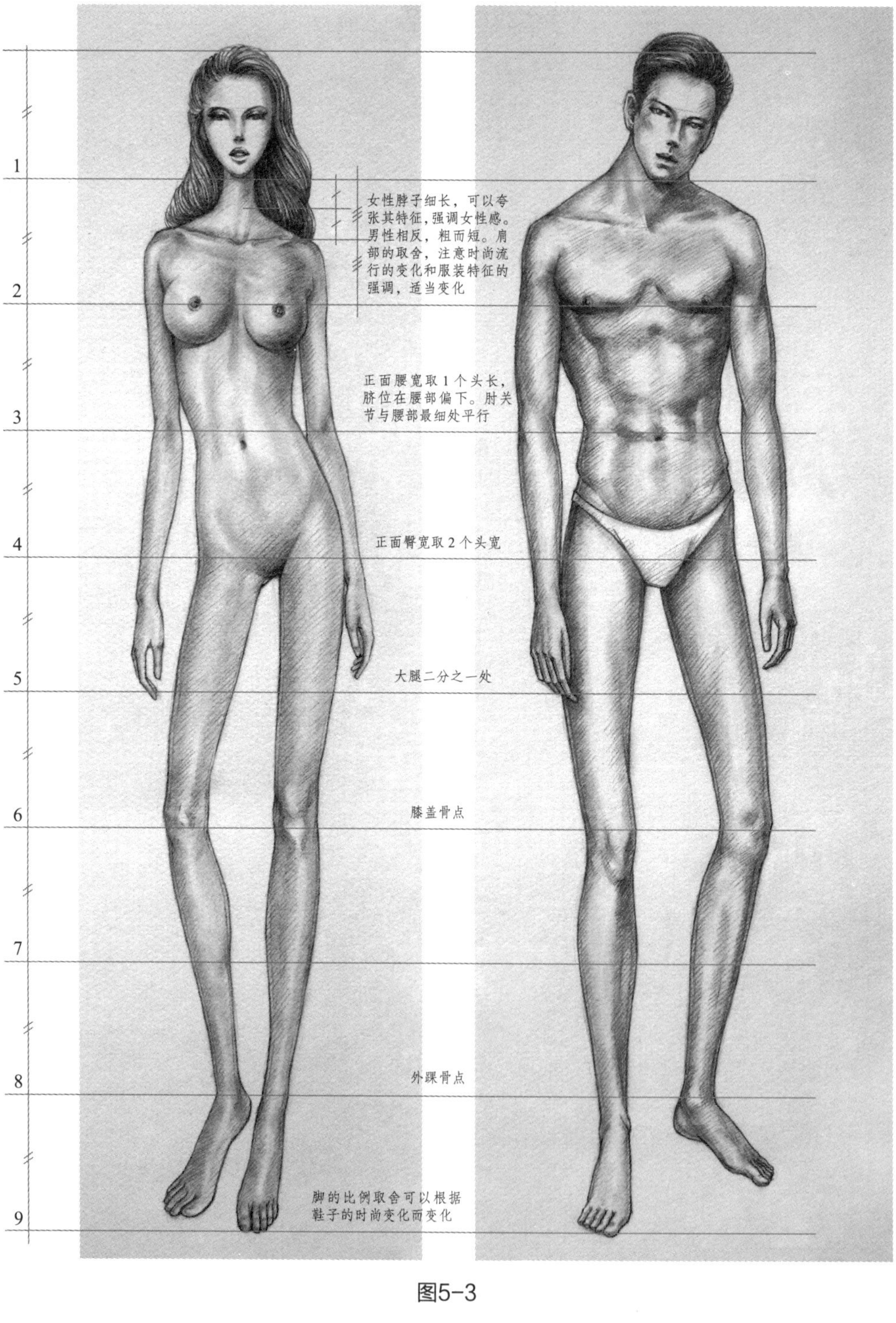
1
2
3
4
5
6
7
8
9
女性脖子细长，可以夸张其特征，强调女性感。男性相反，粗而短。肩部的取舍，注意时尚流行的变化和服装特征的强调，适当变化
正面腰宽取1个头长，脐位在腰部偏下。肘关节与腰部最细处平行
正面臀宽取2个头宽
大腿二分之一处
膝盖骨点
外踝骨点
脚的比例取舍可以根据鞋子的时尚变化而变化

图5-3

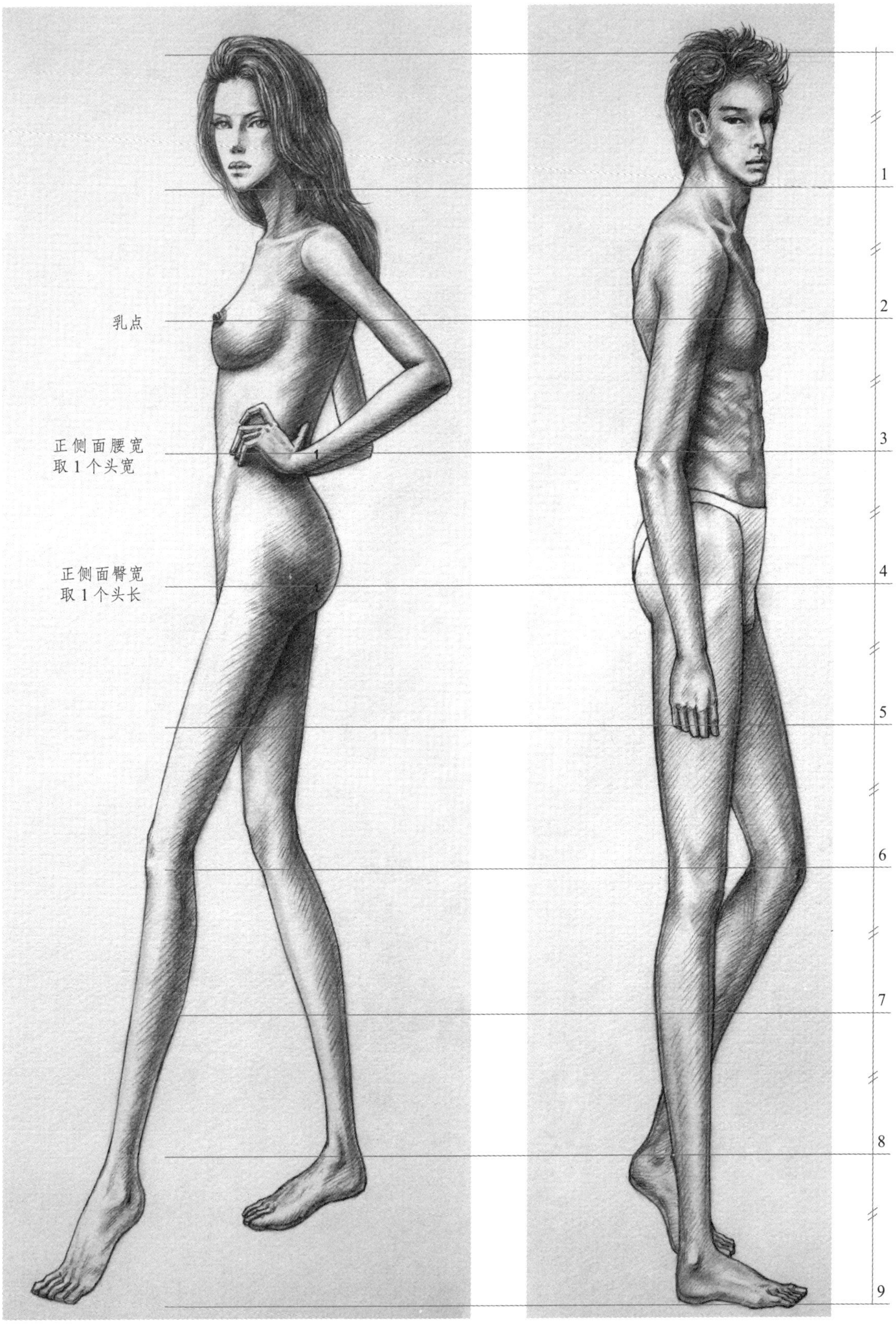

图5-4

表现男体的侧身动态时，胸部和后背不要画成直线，要表现出肌肉的起伏，从颈部到后背的线条要画出曲线，表现出男性身体的厚度（图5-5）。

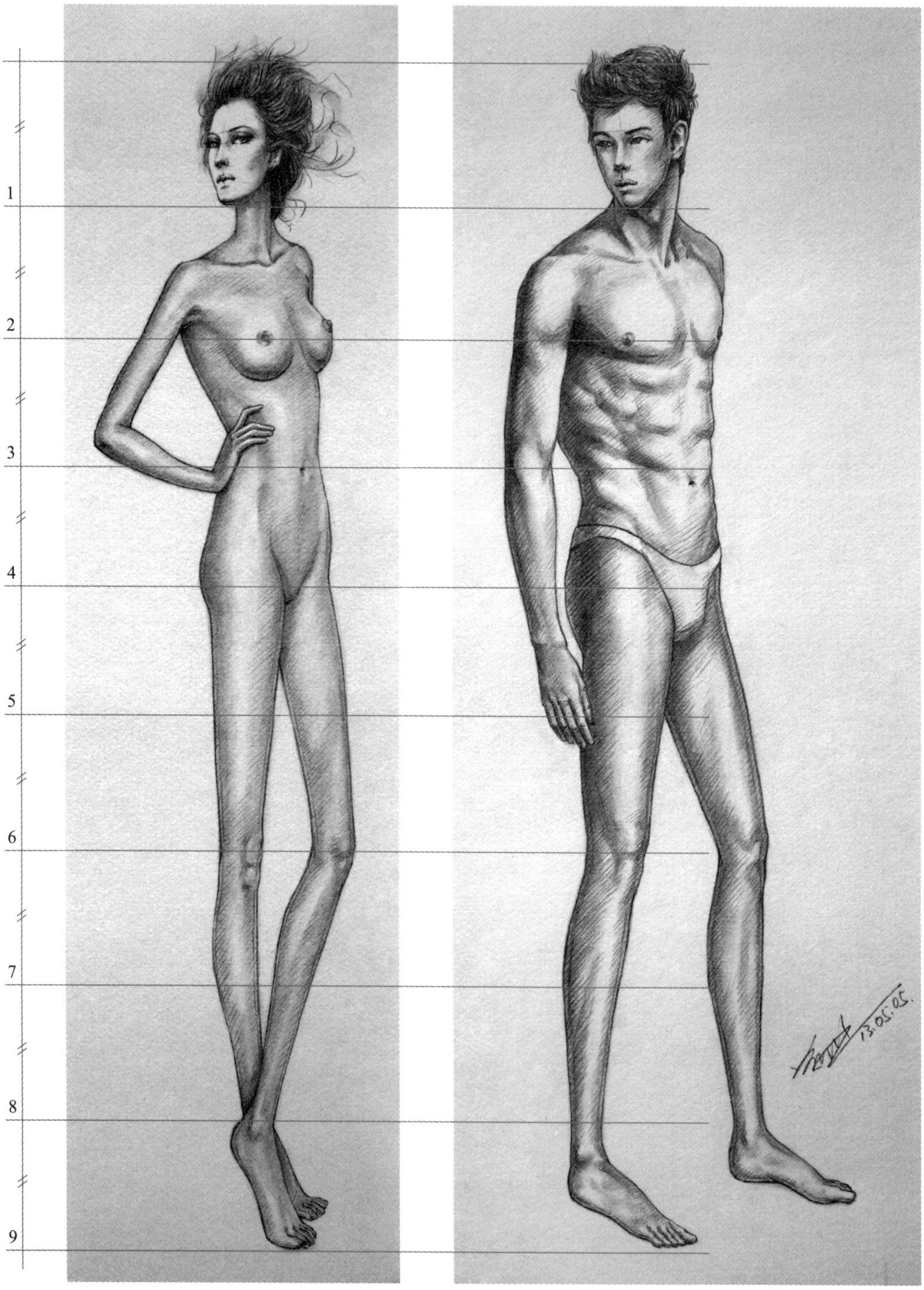

图5-5

根据男、女人体的特点，在时装画中常常夸大其特征。如在表现女性时，全身曲线圆润、柔美，注意胸部和臀部的体现，脖子、手、手臂与腿纤细。在表现男性时，常把肩膀画得又宽又厚，脖子直而短来强调男性的特征。此外，还要注意男性关节的起伏感，手、胳膊与腿要粗壮些，肌肉起伏明显。

除了根据男、女性别特征的夸张外，也可以根据服装的风格对人体作一定的夸张和取舍处理。如表现中式风格的服装服饰，可借鉴传统中国古代仕女图的形态特点，强调其中式感（图5-6）。表现当代流行的韩式风格的男装，肩宽可以不要过于夸张等。

除此还要注意体现人体空间和位置关系的前大后小，前粗后细的规律，如前面的脚和手大，前面的腿粗等。

图5-6

二、时装人体的动态规律

时装人体的动态由人体的运动决定，人体的运动主要是由脊椎和下肢运动的方式决定，头部和颈部的运动主要是由颈部肌肉所决定，躯干的任何运动都会牵引腿部、手臂和头部使人体产生动作，腰椎为运动的主干，手臂的运动则随躯干运动产生不同的运动，腿部起支撑作用。服装人体动态是为了展示着装后服装的风格和特征，在表现上多以立姿为主（图5−7~图5−10）。

图5−7

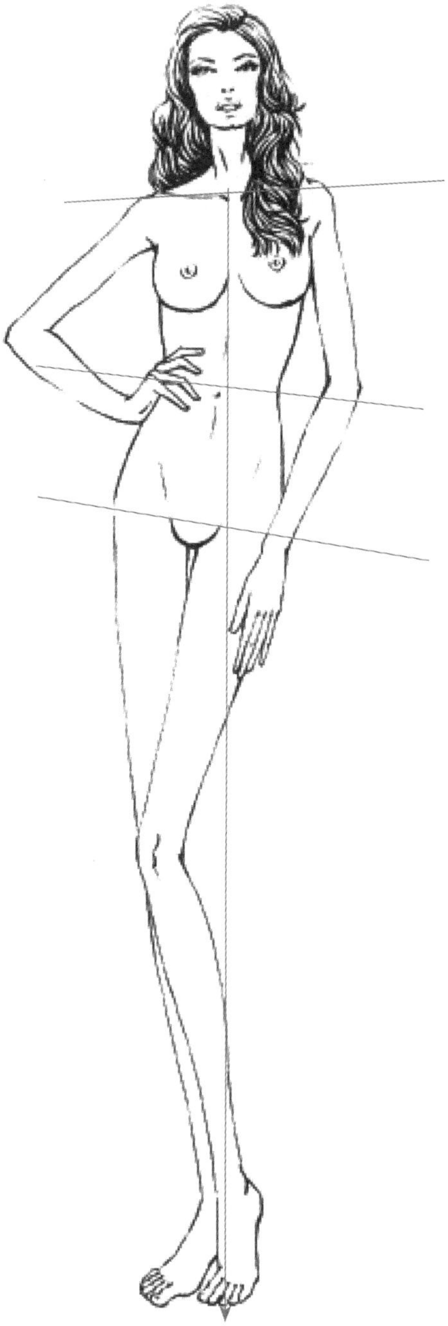

图5−8

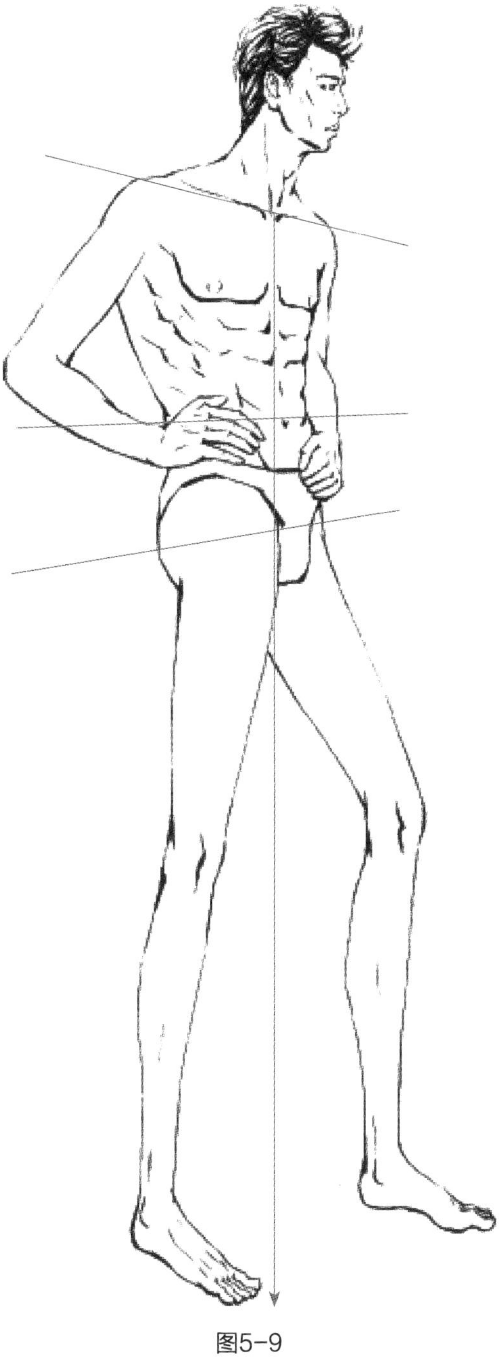

图5-9

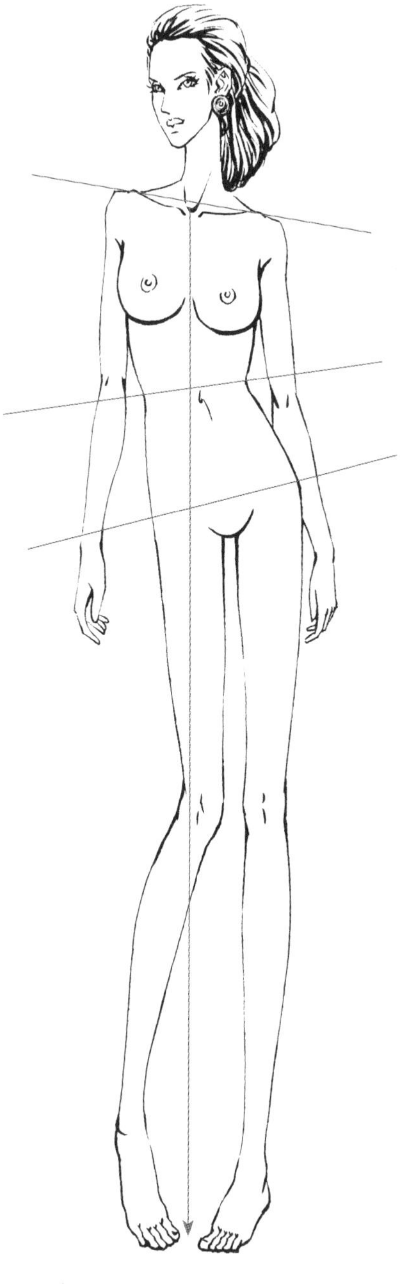

图5-10

人体运动的规律相对简单，动态的变化有一定的规律可循。重心平衡是其基本规律，人体重心是人体重量的中心，是支撑人体的关键，它随人体的运动而移动。支撑面是支撑人体重量的面积，指两脚之间的距离。由咽喉往下引一条垂直线，重心线的落点在支撑面之内，人体则可依靠自身支撑；如在支撑面以外，则不能依靠自身支撑。由此构成了动态的三种基本动态特征，重心落在支撑的一只脚上，称为单脚支撑动态（图5-11）；重心落在两脚之间，称为双脚支撑动态（图5-12）；重心落在两脚之外即支撑面外，人体要保持平衡，则要依靠辅助物体支撑，称为有辅助支撑点的动态，如坐在凳子上的动态。重心线如果离开了支撑面，人体就会失去平衡，人体的相应部位就会协调移动。由于动态的变化，肩线和臀线会产生平行或相反运动的趋势线，即动向线。如果肩线和臀线平行，那么腰线也与之平行；如果肩线和臀线成相反方向，那么腰线的斜势介于两者之间（图5-13、图5-14）。

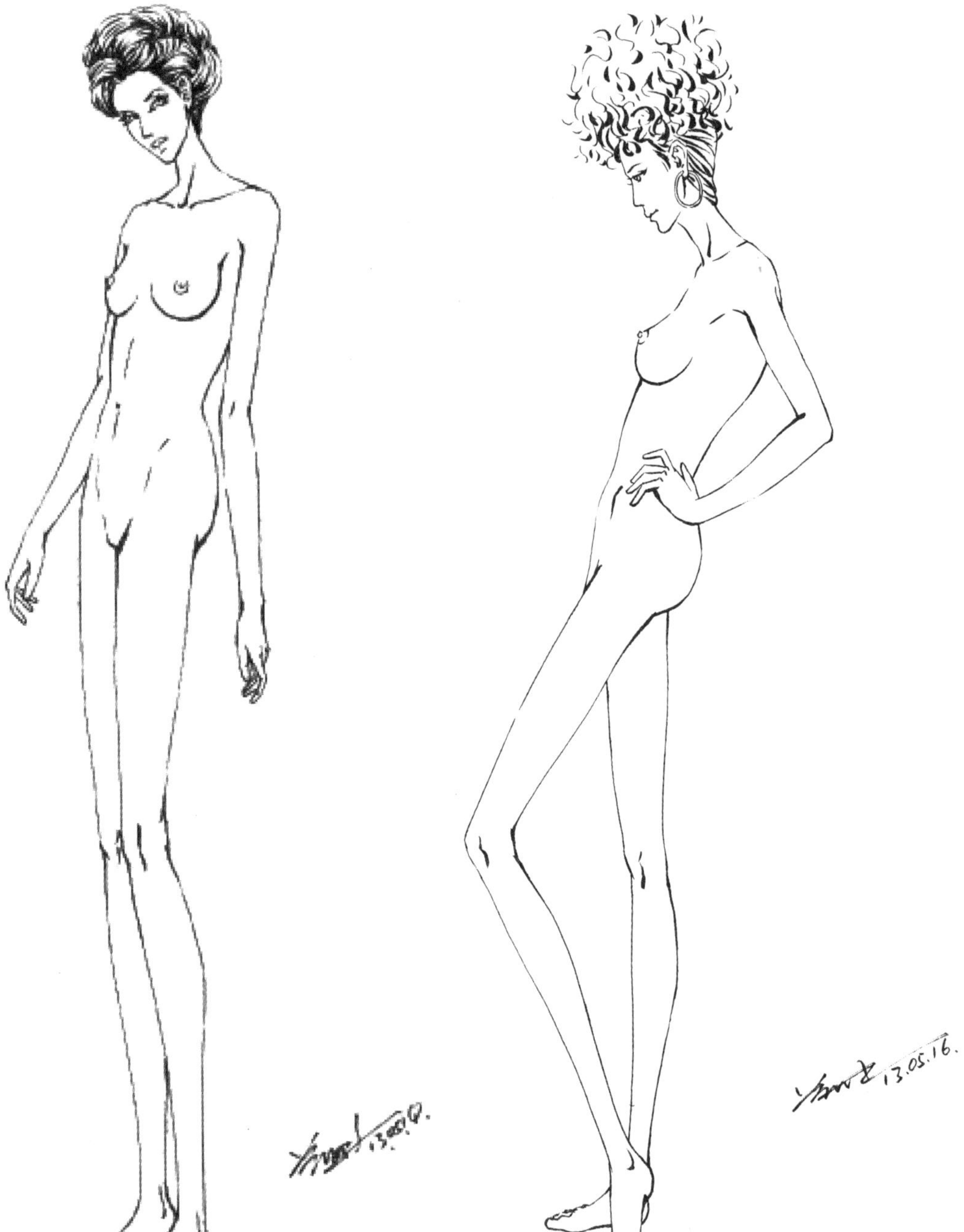

图5-11

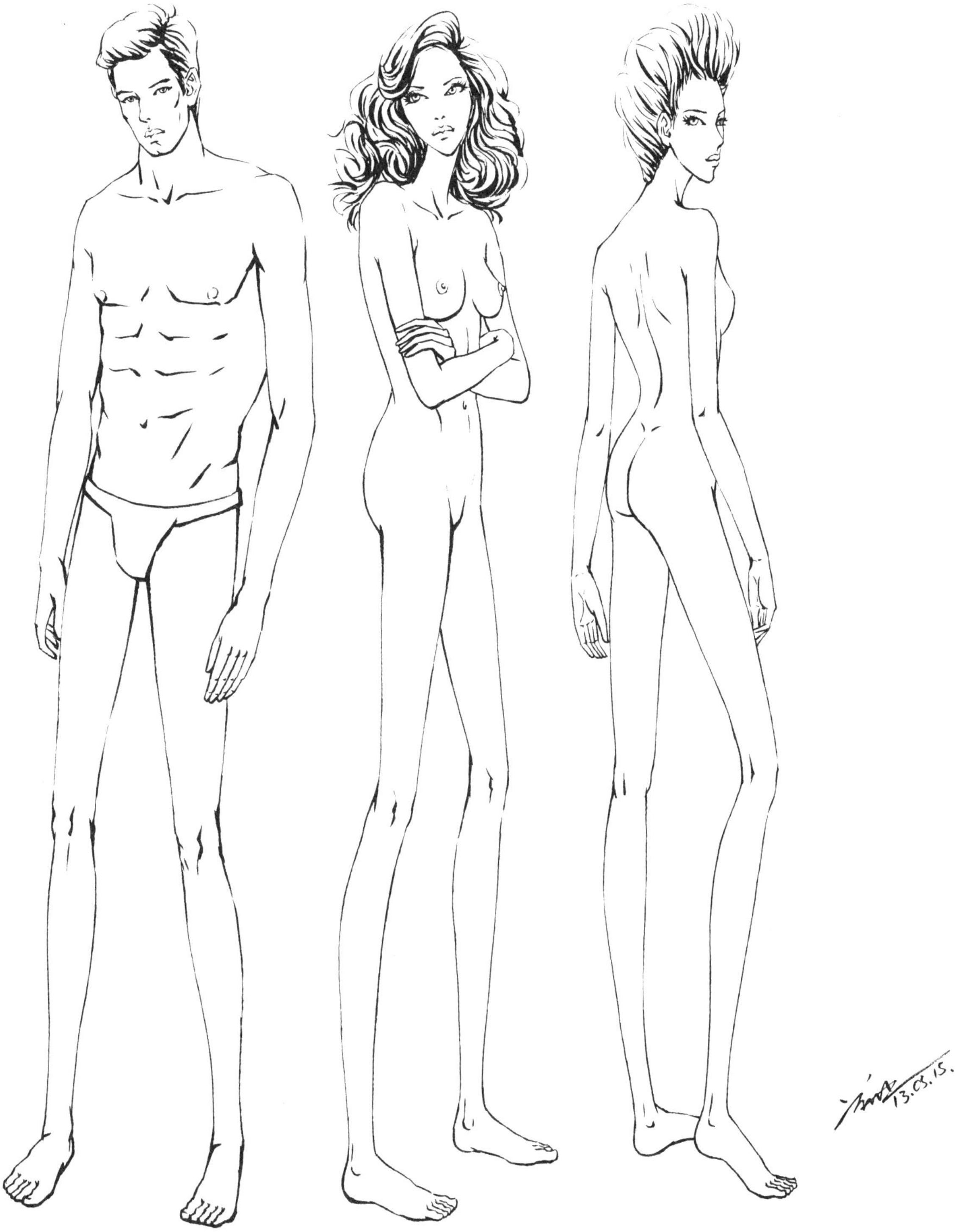

图5-12

图5-13

图5-14

第二节 时装人体的概括和理解

在理解人体结构的过程中，应结合几何体的知识化繁为简地理解和概括人体。可将人体分别概括为头部呈蛋体、胸腔为倒梯形的六面体、骨盆为梯形与三角形结合的多面体、四肢为圆柱体等（图5-15）。在此基础上结合人体骨骼和肌肉的生长规律等，有助于表现人体的形体造型。

在上述基础上，也可以将人体简化为简单的形状。头为蛋形，胸腔为倒梯形，骨盆为梯形与三角形结合的多边形，四肢用线段概括（图5-16）。

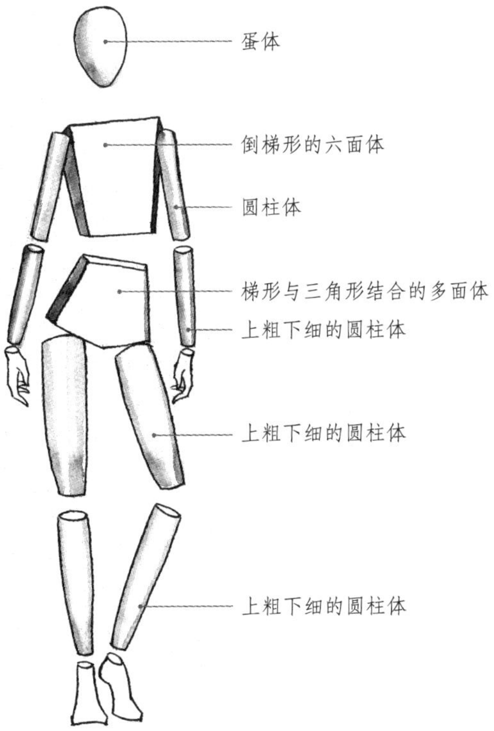

服装人体的几何体概括

图5-15

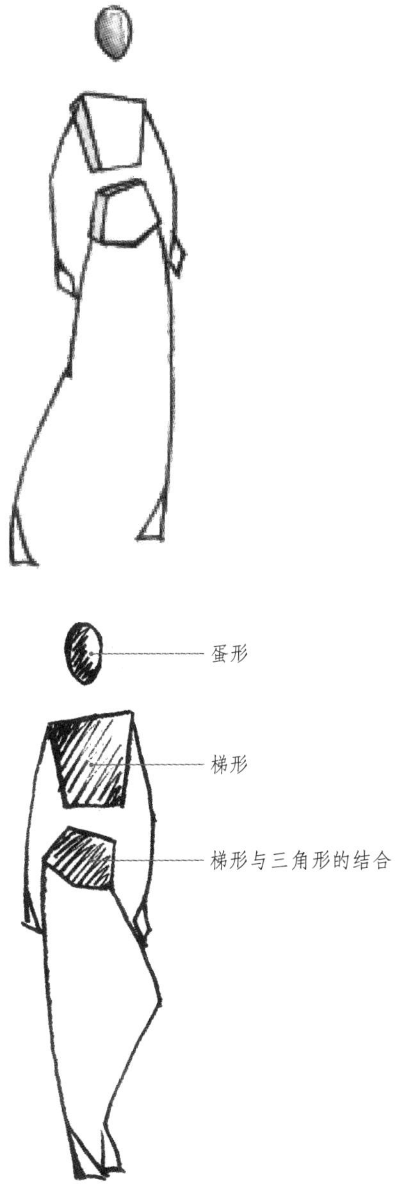

服装人体的简化概括

图5-16

时装画中的人体概括如下（图5-17、图5-18）。

图5-17

图5-18

第三节 服装与人体的关系

服装款式千变万化，最终受人体结构的影响和制约。结合服装设计的特点，其衣褶的变化有一定的规律性。

一、人体关节对衣褶的影响

人体结构是产生衣褶的根本。关节的活动，带来衣褶的变化。一侧因关节的活动而拉紧，另一侧则产生衣褶，如袖子的内外侧，裤子的两侧等。简单地讲，衣褶与顺直的造型变化在画面中呈反比，松紧是相对而言的。服装在人体中易产生褶皱变化的关节部位及松紧变化的规律，如图5-19所示。

颈部的活动造成褶皱的产生
女性人体胸部的特征，让服装易产生衣褶
非短袖服装受肘关节影响产生褶皱
腰关节的活动产生褶皱变化
长袖和手套因手腕关节的活动产生褶皱
裤类服装受下肢运动的影响，立裆处易产生褶皱
手套因指关节的活动产生褶皱
裤装类受膝关节活动影响产生褶皱
长裤、长靴类服饰受脚腕关节影响产生褶皱
受趾关节影响鞋类易产生褶皱

图5-19

二、不同工艺的特点对衣褶的影响

服装款式的工艺结构特征对服装造型的影响很大。不同设计的工艺结构特点，产生不同褶皱变化。如工艺上的顺褶、“工”字褶、荷叶边等变化。它们呈现的物理特征不同，形态上会有各种区别和变化。款式造型中的工艺结构特点产生的各种衣褶变化，如图5-20所示。

图5-20

三、面料的特征对衣褶的影响

服装面料材质的软、硬、厚、薄等特征，其表现出来的衣褶变化也不同。如针织、软缎面料悬垂感较强，丝类面料较为飘逸等。服装人体的动态和面料的特点对服装产生各种衣褶影响变化，如图5-21所示。

图5-21

四、人体的动态和着衣方式对衣褶的影响

相同的服装因人体不同的动态变化，产生的衣褶也会不同，如走和坐。同样，相同的服装因着装方式变化，而产生的衣褶也不同，如袖子自然放下和捋起袖子等。服装人体的动态变化和着衣方式对服装产生各种衣褶影响和变化，如图5-22所示。

图5-22

五、时装画中的服装表现（图5-23~ 图5-28）

图5-23

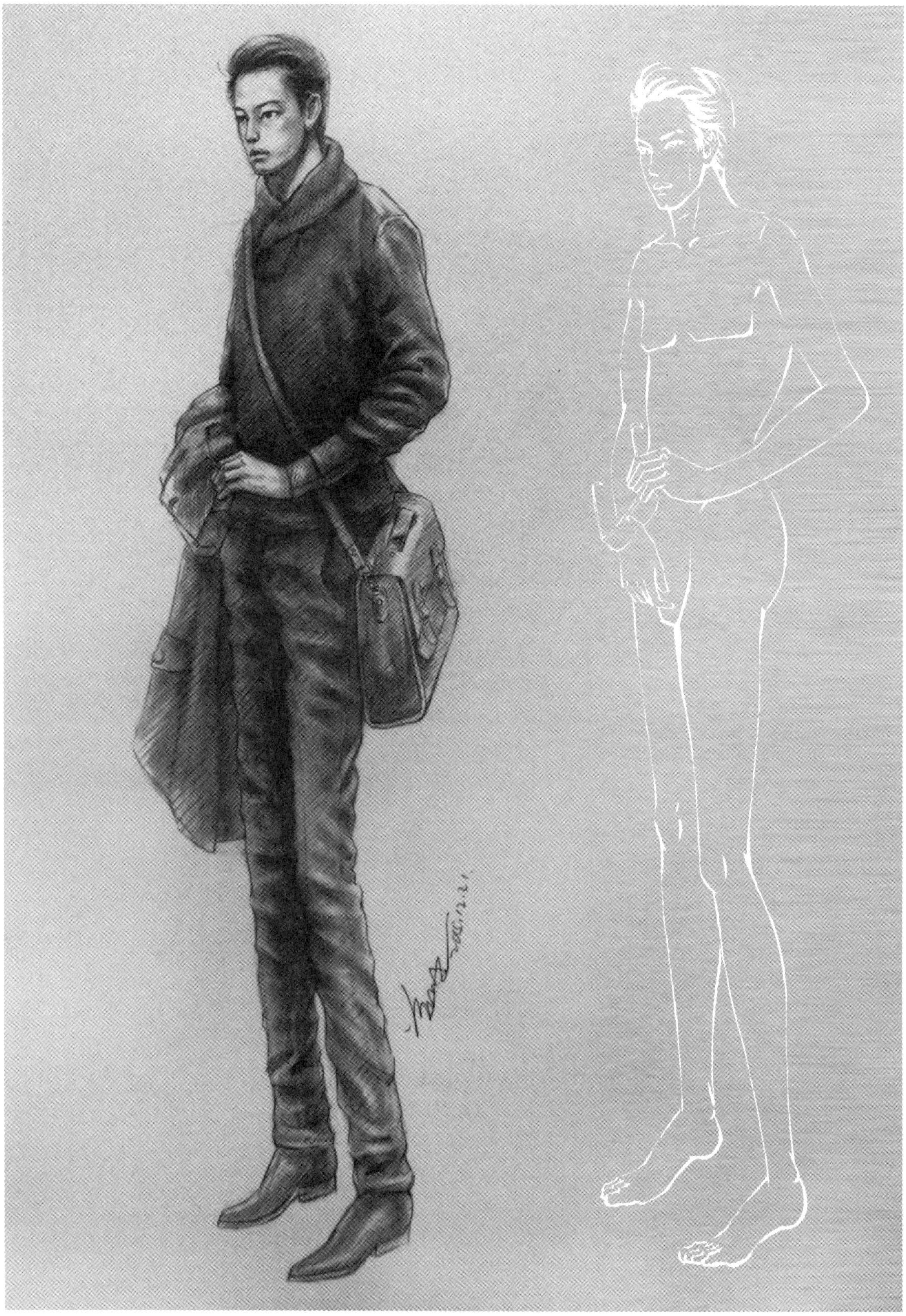

图5-24

图5-25

图5-26

图5-27

图5-28

第四节 时装画素描的方法与步骤

时装画素描多采用夸张的形态，提炼对象中具有时代特征或需主观强化的部分。突出表现具有时代特点的服饰风格、模特的气质以及设计师的思维创意等。主要表现和强化的可能是五官、发型、服饰以及模特的神态、动态等，来塑造时尚和流行的美，强化时代特点，具有较强的主观性。

一、实训案例一

1. 概括时装人体的基本形（图5-29）

根据时装人体知识，用简洁的基本形确定夸张后的人体比例与动态。

2. 概括表现着装后的基本形态（图5-30）

结合时装人体和着衣知识，采用概括提炼的手法，明确着衣后的基本形态，注意衣褶与人体的关系。

3. 概括基本的受光部和背光部（图5-31）

同步概括表现基本的明暗层次，分出受光面与背光面，注意整体同步进行。

图5-29

图5-30

图5-31

4. 深入刻画（图5-32）

从头部开始，刻画加强夸张的主体部分，概括减弱次要的层次和形态，使主体形象鲜明突出。

5. 深入与调整（图5-33）

从整体形象效果出发，深入表现画面的整体，加强上半身的层次变化，突出头部形象。注意画面的空间关系，以及暗部的层次变化。概括四肢的色调与层次变化，使整体画面详略得当，形象特点时尚鲜明。

图5-32

图5-33

二、实训案例二

1. 概括时装人体的动态（图5-34）

结合男性人体结构特点，用简单的基本形，概括夸张后的人体动态，确定构图，注意男体的动态幅度不易过于夸张。

2. 明确着装形态（图5-35）

概括确定着衣后的基本形态，注意衣褶与动态间的关系。

3. 概括大的受光与背光（图5-36）

从整体出发，概括模特大的受光部与背光部，舍弃细节，注意整体同步表现。

图5-34

图5-35

图5-36

4. 深入刻画（图5-37）

从明暗交界线起，从上到下局部深入刻画，提炼形象的主要特征，使其形象突出，注意衣褶的提炼与虚实关系。

5. 整体深入调整（图5-38）

绘画的过程也是调整的过程，边深入边调整，加强主要层次的表现，概括减弱琐碎的形体变化，使画面整体主次分明，突出强调整体感。

图5-37

图5-38

三、实训案例三

1. 用基本形概括时装人体的动态（图5-39）

不同的人物形象与服装风格，选择不同的动态体现和强化其整体特征。外简内繁的整体风格，选择正面开襟的形式突出其内外特点。

2. 明确着装的基本形态（图5-40）

根据时装人体和着衣的结构关系，概括确定着衣后的基本形态。

3. 确定基本面的关系（图5-41）

概括出基本的受光部与背光部，注意内外的形式变化，以及整体同步进行，不被细节束缚。

图5-39

图5-40

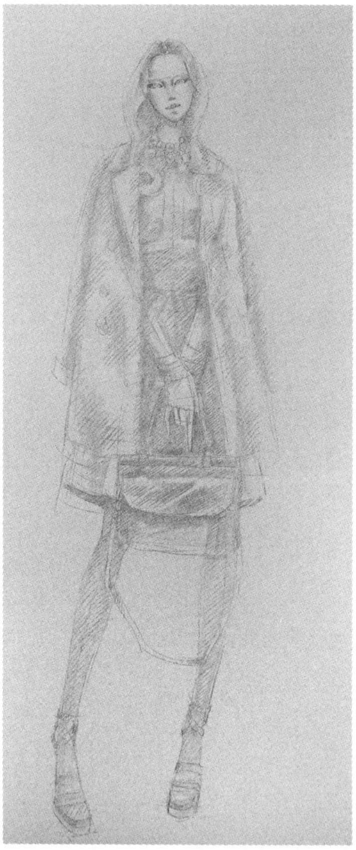

图5-41

4. 深入刻画（图5-42）

从暗部着手，概括提炼形象的主要特征，突出其形象特点。

5. 整体深入调整（图5-43）

从整体效果出发，深入表现对象。通过加强减弱的概括方法处理，使形象主次分明，主要特点鲜明突出，强调时尚的整体感。

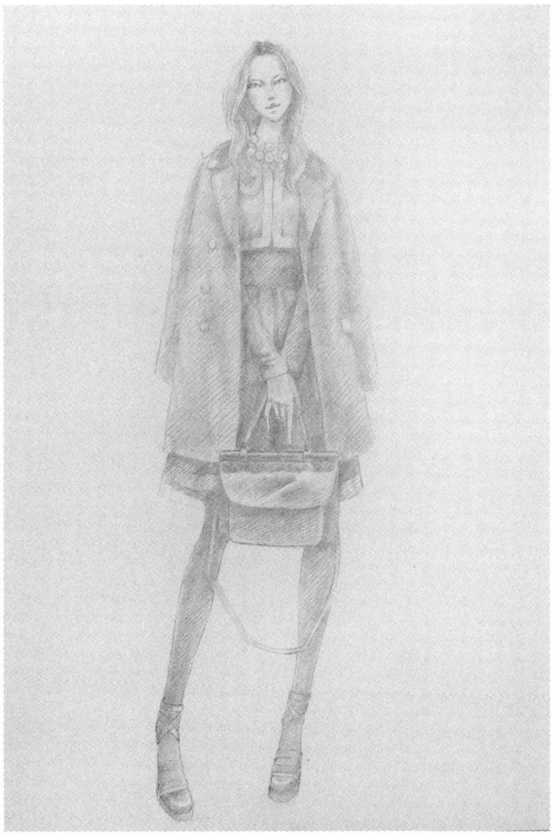

图5-42

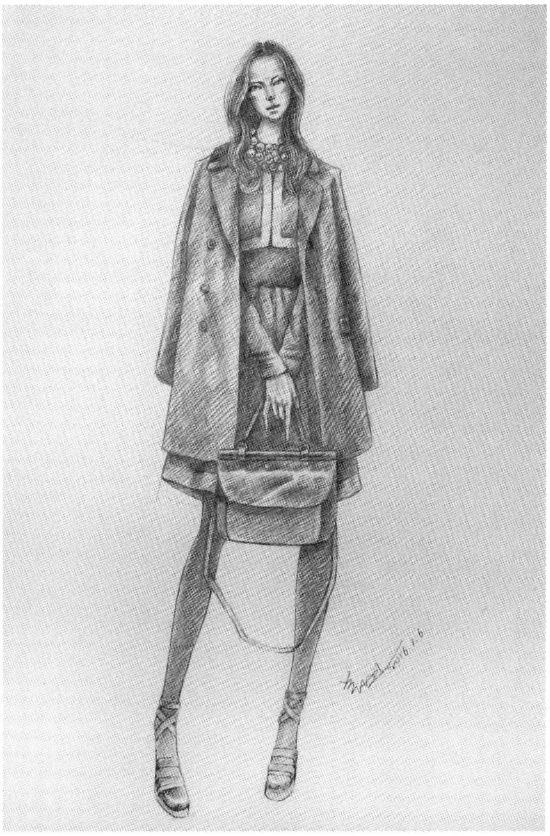

图5-43

四、实训案例四

1. 用基本形概括时装人体动态（图5-44）

上下身的材质与造型对比，结合整体的着衣风格，选择3/4侧的动态表现。注意手与腰的动态关系。

2. 明确着装的基本形态（图5-45）

根据时装人体动态和着衣的结构关系，概括确定着衣后的基本形态，概括裙褶大的形式结构。

3. 概括大面关系（图5-46）

概括出大的受光部与背光部，注意虚实和空间关系，以及不同材质的明暗对比。

4. 细节刻画（图5-47）

从细节着手，刻画对象的主要特征，概括提炼形象的主要特征，加重明暗交界线以下暗的区域，注意反光的通透感和层次感。

5. 深入整体调整（图5-48）

深入的过程就是不断完善的过程，注重从整体出发，完善画面的主次和虚实关系，强调形象特点鲜明突出。

图5-44

图5-45

图5-46

图5-47

图5-48

五、实训案例五

1. 概括时装人体的坐姿动态（图5–49）

款式风格的特点主要集中在后面，易采用1/2侧的动态表现，结合坐姿的应用，具有另类和强化形象风格的特点。注意侧面坐姿的比例与透视变化。

2. 概括明确整体形态（图5–50）

用轻松的线条概括出整体的基本形态，注意侧面坐姿和服装的关系。

3. 概括基本的大面关系（图5–51）

概括出大的受光部与背光部，注意大的衣褶变化，舍弃细节，整体同步进行。

图5–49

图5–50

图5–51

4. 深入刻画（图5–52）

从明暗交界线着手，从上到下深入刻画形象的结构特征，注意其虚实与主次关系，以及暗部区域的层次变化。

5. 深入与调整（图5–53）

始终从整体到局部，局部到整体的反复全面比较和表现，注意暗部层次的体现，以及花纹的依附关系。通过加强和减弱，使画面主次分明，主要形象特点鲜明突出，强调画面的整体感。

图5-52

图5-53

六、实训案例六

1. 概括时装人体的坐姿动态（图5-54）

用简单的基本形，概括出人体的动态，确定构图。

2. 概括明确基本形态（图5-55）

根据时装人体和着衣的结构关系，概括确定着衣后的基本形态。注意正面坐姿对衣褶的影响。

3. 概括大面关系（图5-56）

概括出大的受光部与背光部，注意模特的神态变化。

4. 深入刻画（图5-57）

从五官的细节开始，强化模特的形象特点。概括提炼衣褶的主要特征，注意主次与虚实的变化。

5. 整体调整（图5-58）

从整体效果出发，注意皮肤与服装的质感对比与变化。通过加强减弱的概括处理，强调画面的整体形象感，使其特点鲜明突出。

图5-54

图5-55

图5-56

图5-57

图5-58

七、示范作品（图5-59~图5-72）

图5-59

图5-60

图5-61

图5-62

图5-63

图5-64

图5-65

图5-66

图5-67

图5-68

图5-69

图5-70

图5-71

图5-72

本章小结｜了解时装人体比例的取舍和动态变化的规律，以及服装和人体的关系。掌握正确的绘画方法和步骤。

实训案例｜根据实训绘画步骤，有序地训练，掌握时装画素描的正确表现方法。

思考与练习｜时装是时尚产品，具有强烈的时代感，不同的时代审美不同，由此比例是灵活的，目的为突出时代概念和设计意图等。

实训课堂｜根据实训范图，熟练练习掌握时装画素描。

第六章

饰品素描

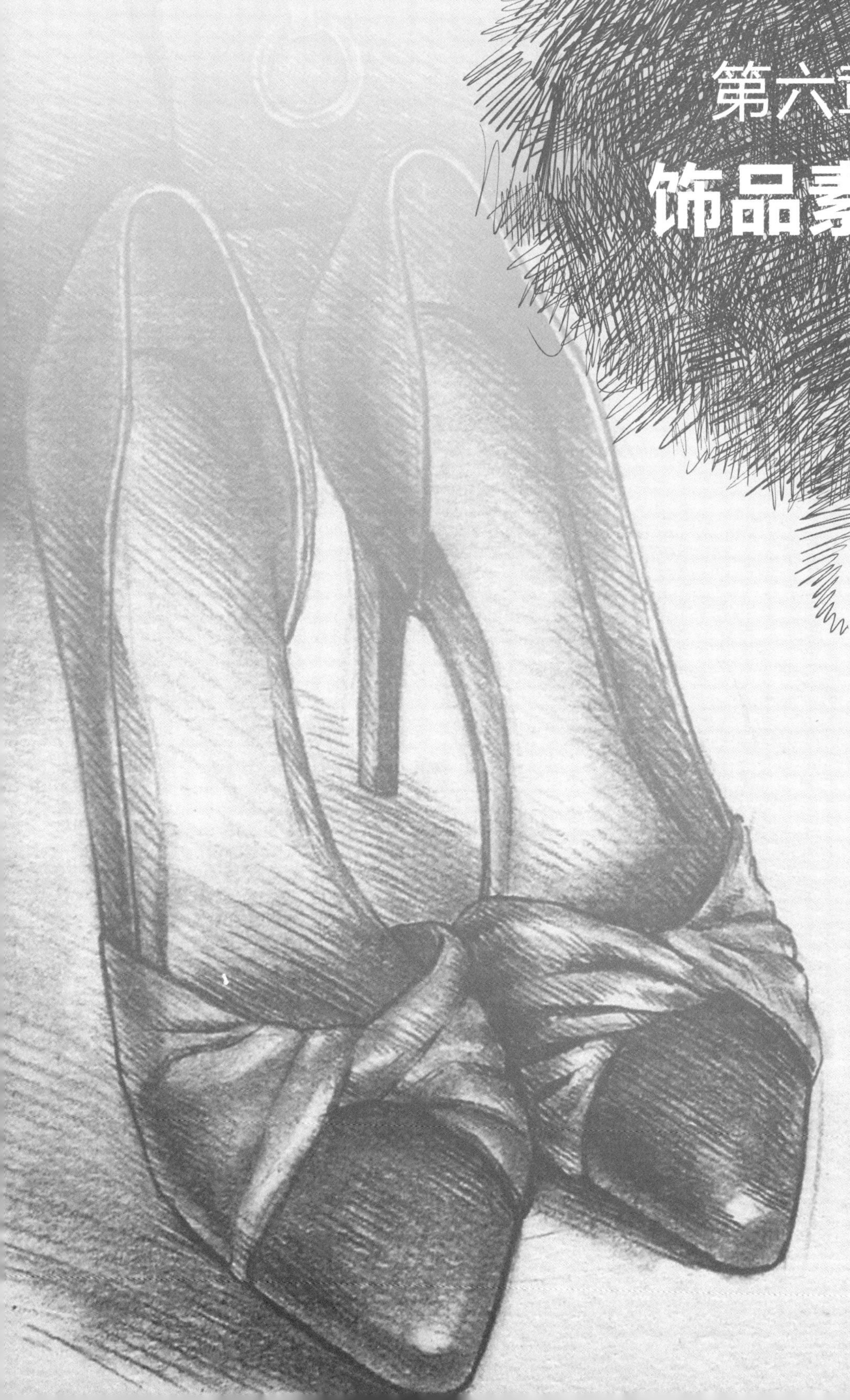

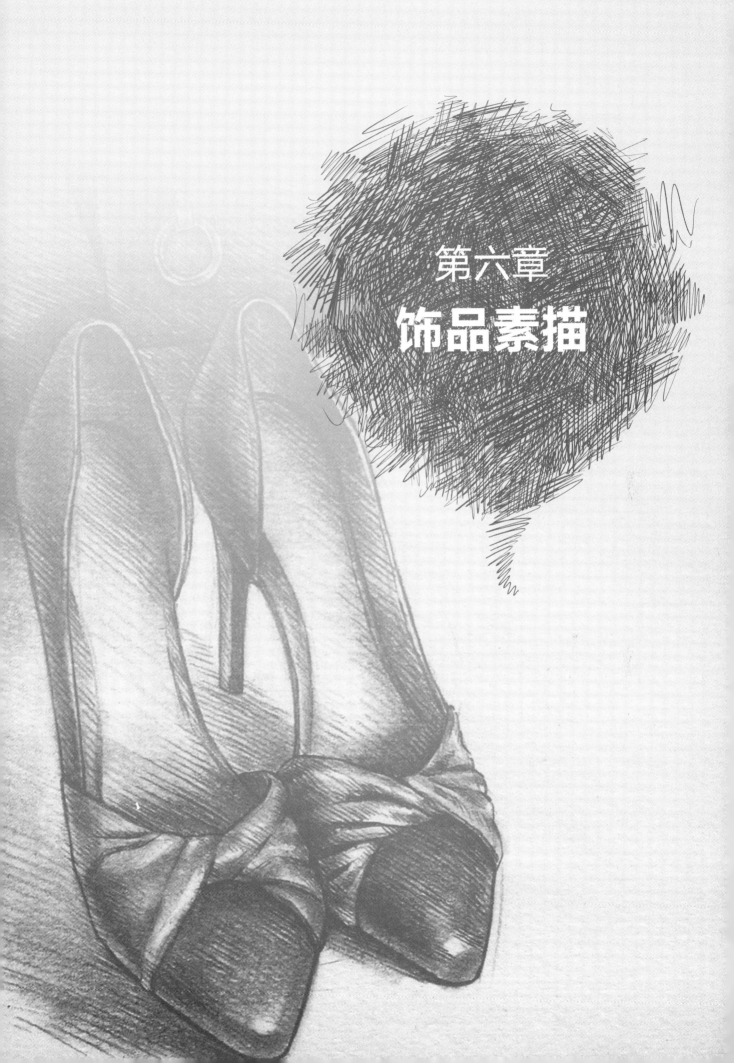

学习要点及目标 | 掌握正确的素描方法，概括表现饰品、包类和鞋类的绘画方法。

第一节 饰品素描的表现

饰品的组成元素较为琐碎，材质变化很丰富。在表现时，容易陷入局部表现，需多注意其主次和虚实的变化，强调空间效果，突出产品的款式风格和特点，不被琐碎的元素束缚。而突出结构的素描表现，可以培养正确的观察、理解和表现的协调能力，通过素描认识自然，发现设计能力。对设计构想和设计意象具有直观的形象表达。对于饰品从设计到实施起到不可缺少的一个重要过程，有着特殊的意义和作用。

一、实训案例一

1. 概括大形（图6–1）

用简洁的基本形确定构图、大的比例和位置。

2. 概括明确饰品的基本结构（图6–2）

运用简单的几何形概括出基本的形态，明确其构成结构，注意其比例与透视。

图6–1

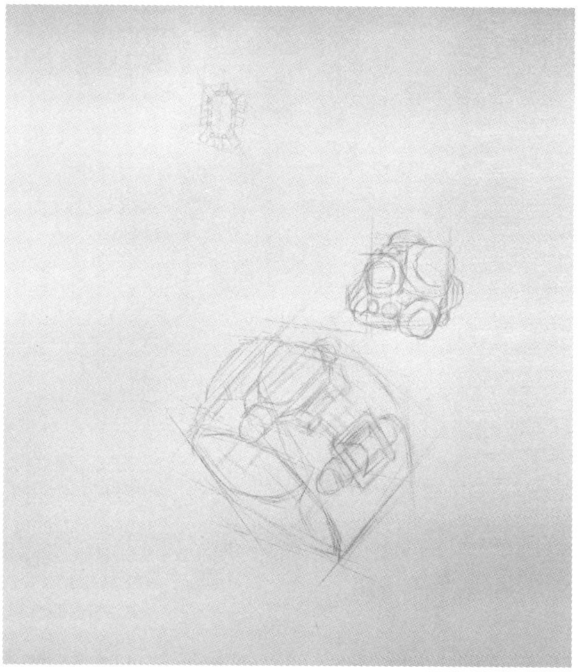

图6–2

3. **强调结构，概括出基本面（图6-3）**

明确对象组成元素的形态与关系，概括出大面层次，强化其形态结构特征。

4. **细节刻画（图6-4）**

不同的材质带来不同的质感变化，在强化其结构特征的前提下，添加基本的明暗关系，突出其材质变化。

5. **突出明确整体（图6-5）**

用不同层次的线条和简单的明暗层次，强调整体。明确其结构与透视变化，突出其特征，注意整体的透明感。

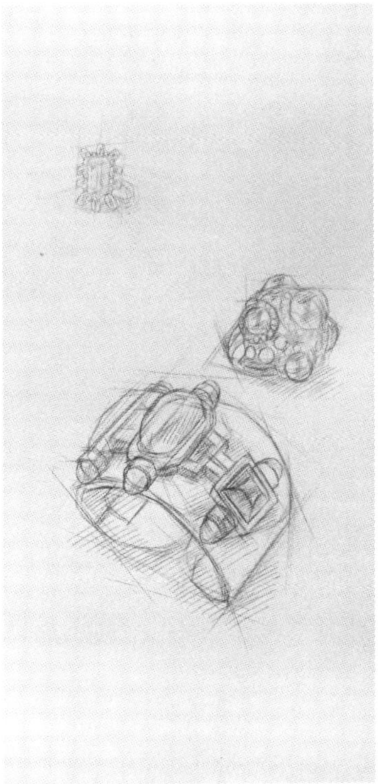

图6-3

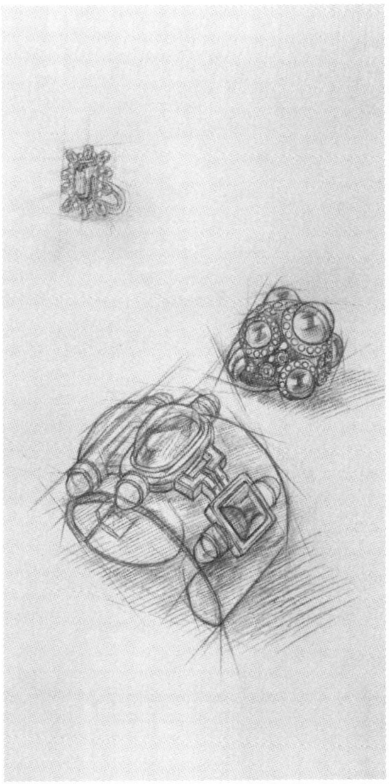

图6-4

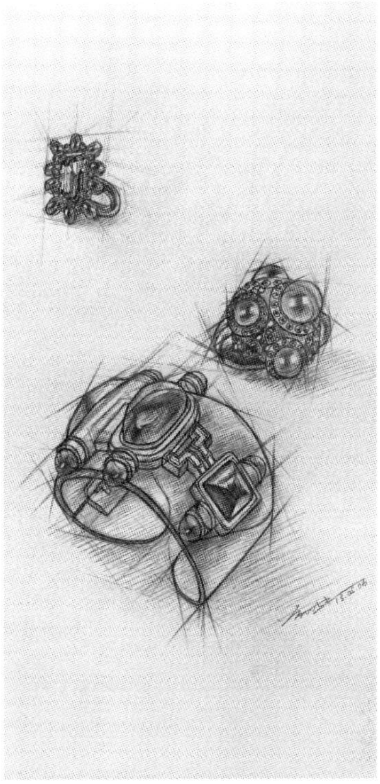

图6-5

二、实训案例二

1. **概括确定大形（图6-6）**

用简单的基本形确定物体的构图、比例、位置和基本形态，注意空间和主次变化。

2. **明确基本形态（图6-7）**

用轻松的线条概括明确出物体的形态特征。注意详略得当。

3. **概括出受光与背光（图6-8）**

用明暗色调概括表现物体基本的形体特征，注意整体同步表现，舍弃细节。

4. **深入刻画（图6-9）**

从细节着手，由前到后提炼刻画物体的主要特征，强化物体间的形体差、主次和虚实关系。

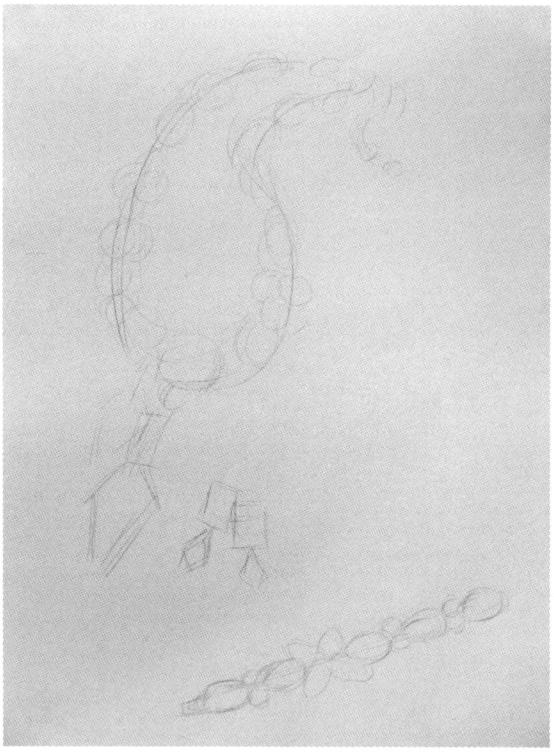

图6-6

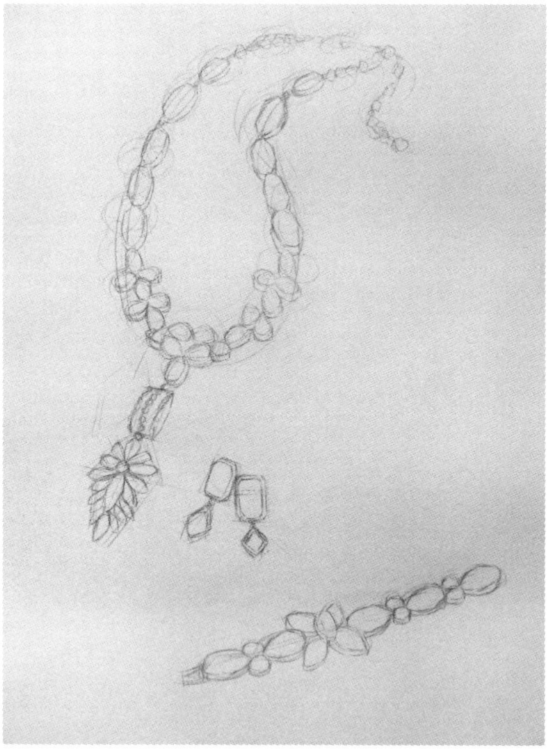

图6-7

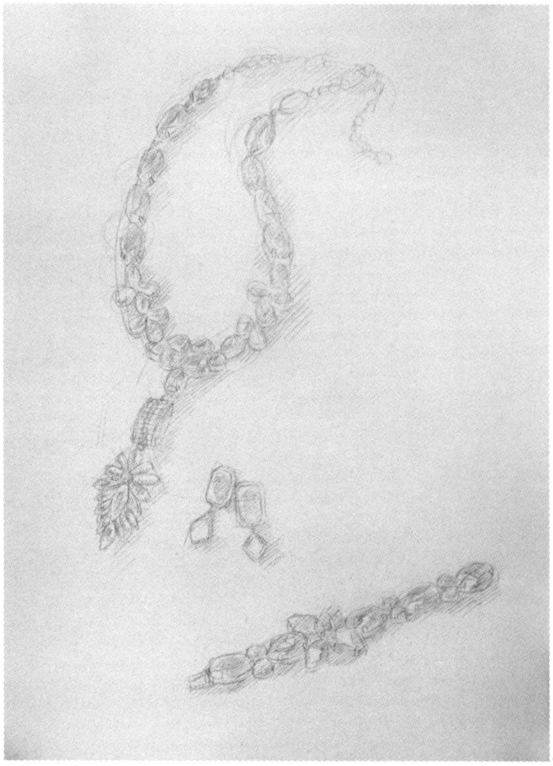

图6-8

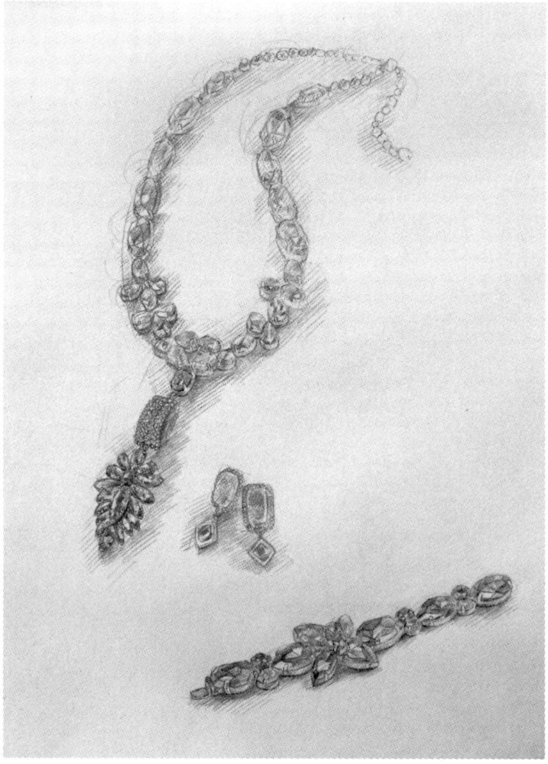

图6-9

5. 整体调整（图6–10）

从整体出发，继续深入。强化不同材质和形体的特征，突出画面整体感，注意虚实与空间变化。

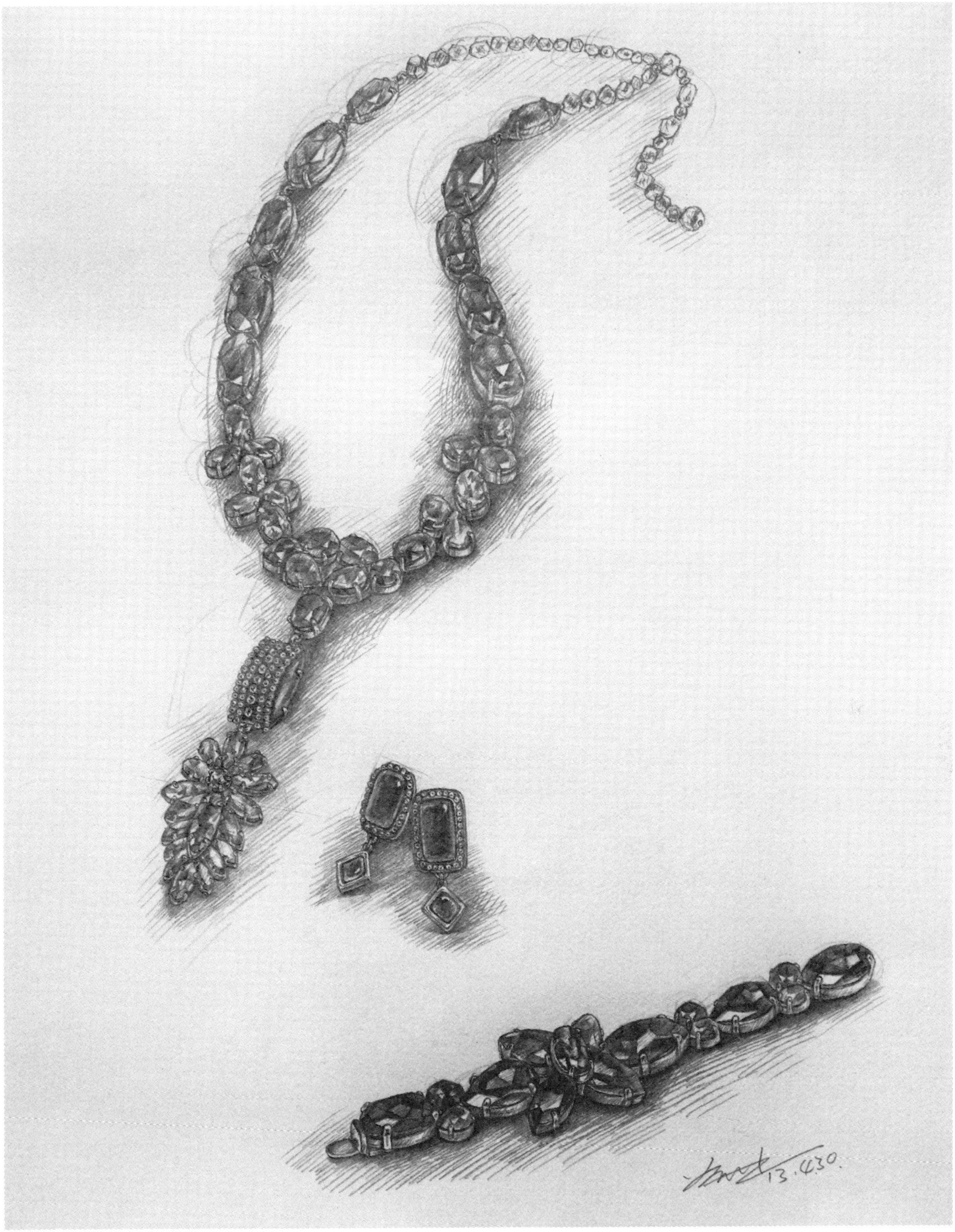

图6–10

三、示范作品（图6-11~图6-16）

图6-11

图6-12

图6-13

图6-14

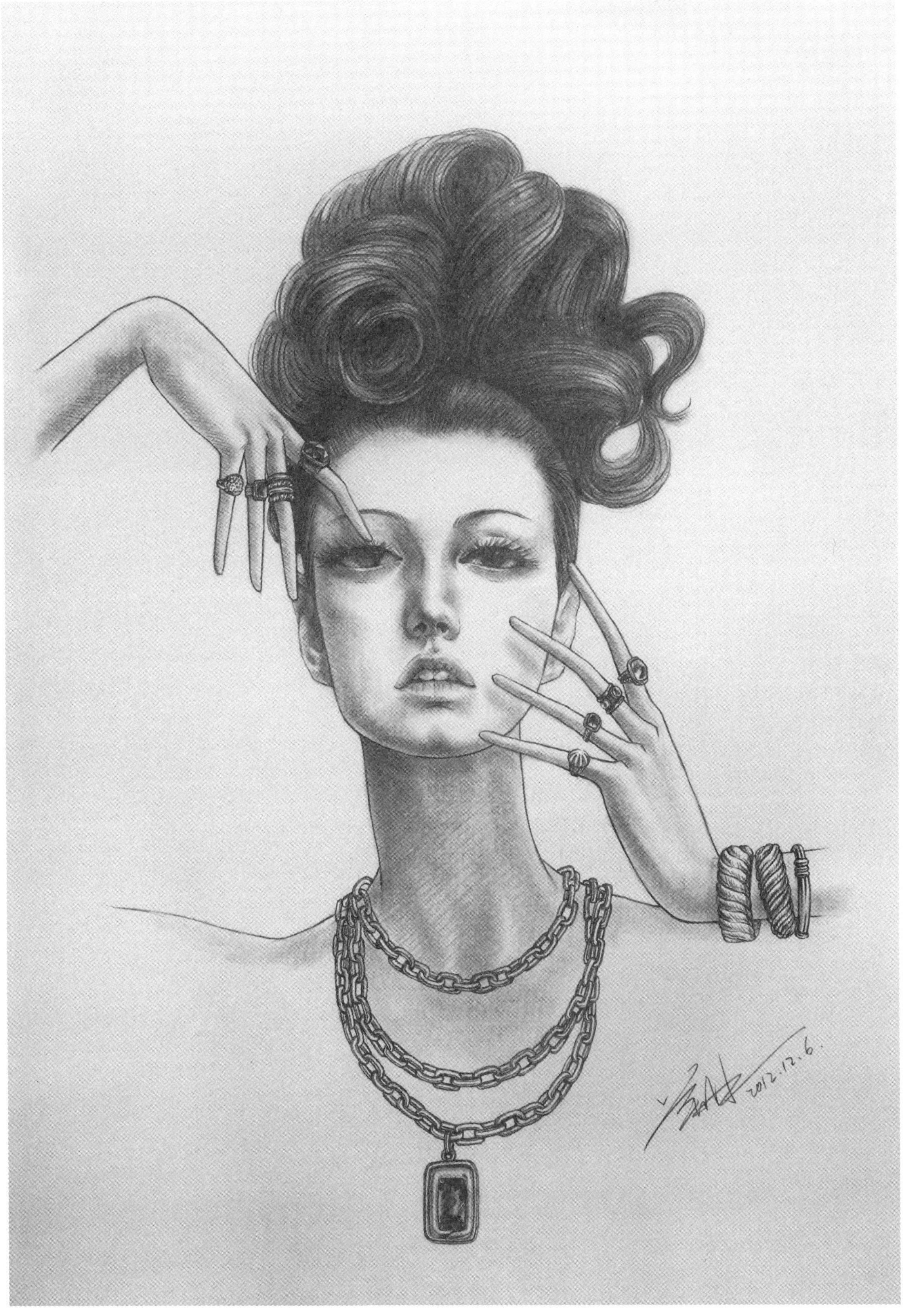

图6-15

图6-16

第二节 包类素描的表现

包类配件具有丰富的形式感和材质应用，同时具有独特的流行性和款式风格。既可以是独立的产品开发，又可以是服装品牌企业不可缺失的组合元素。通过素描的表现来理解包类的特点，对其形体表现和塑造、结构特点和材质变化，乃至其产品设计和开发，都具有重要的意义和作用。

一、实训案例一

1. 概括大形（图6-17）

用轻淡的直线把所有物体当作一个整体，概括出整体的外形，注意长宽比例与构图。

2. 概括明确物体的基本形体结构（图6-18）

用简单的直线概括出物体的基本形态、位置、比例和透视。反复比较物体的形体变化，以求准确。

图6-17

图6-18

3. 概括出受光部与背光部（图6-19）

用简洁的色调概括出物体的受光部和背光部，表现物体大面变化。同步进行，不拘泥于细节上的变化。

4. 局部深入（图6-20）

在理解的基础上，深入刻画物体的结构变化，利用不同的明暗变化强调其不同的材质变化，注意画面的主次与虚实变化。

图6-19

图6-20

5. 深入与整体调整（图6-21）

从整体效果出发，强化画面的整体感和通透感，加强明确其主要结构的变化，减弱衬托次要的物体，使画面详略得当、主要形象特点鲜明突出。

图6-21

二、实训案例二

1. 概括大形（图6-22）

用长直线概括确定整体的构图和形态。

2. 概括明确基本形（图6-23）

用简单形概括明确物体的基本形态、比例、位置等变化。

3. 概括大面关系（图6-24）

用简单的明暗色调概括出物体的受光部和背光部。表现其大面的变化，分出基本的受光和背光。

图6-22

图6-23

图6-24

4. 深入刻画（图6-25）

从细节着手，深入刻画其不同的形体变化和结构变化，强化其形体关系。

5. 深入与调整（图6-26）

继续深入强化不同形体与材质的变化，突出强化其不同的形体特点。在强化的同时，不断回到整体，注意画面整体的主次和空间关系，使画面详略得当，主要特点鲜明突出。

图6-25

图6-26

三、示范作品（图6-27、图6-28）

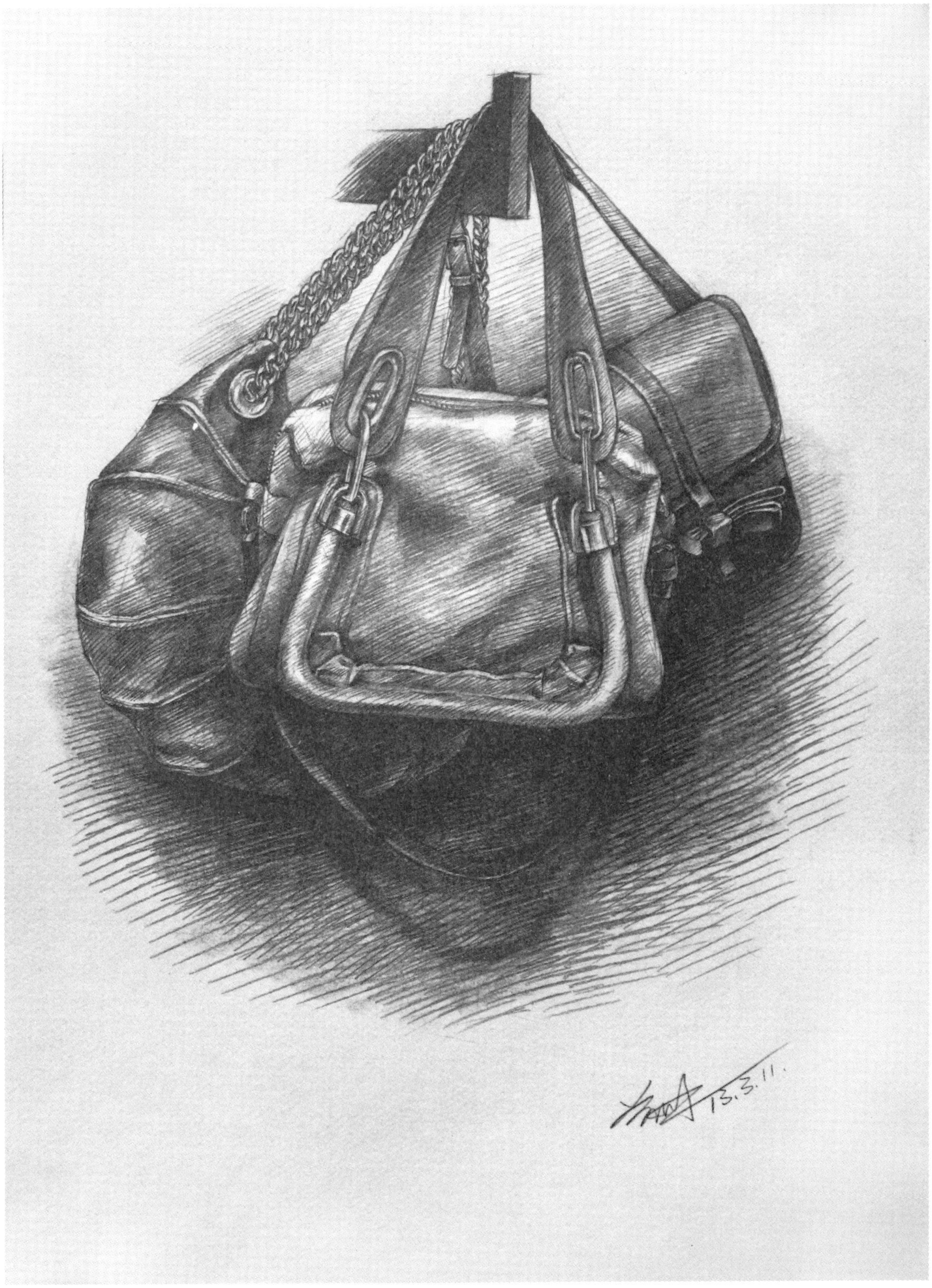

图6-27

图6-28

第三节 鞋类素描的表现

在人物整体形象设计中，包类起到画龙点睛的作用，鞋类则是随着服装的变化而变化，起到强调整体形象的作用。鞋子的种类和样式很多，大体可分为休闲鞋、正装鞋、时装鞋和运动鞋等，其中运动鞋的造型较为典型，其造型和变化也较为复杂。通过素描的方法练习其造型变化和结构特点，为从事鞋类设计而打下基础。

一、实训案例一

1. 概括基本形（图6-29）

用简洁的基本形确定整体的形态，概括出物体的位置和大小比例。

2. 明确基本形（图6-30）

概括表现鞋子的形态差，注意运动鞋的比例分割和变化，明确物体基本形态。

3. 概括大面关系（图6-31）

用简洁的色调层次概括出基本的受光面与背光面，注意虚实与同步表现。

图6-29

图6-30

图6-31

4. 细节深入（图6–32）

从细节着手，刻画物体的细节和结构变化，注重细节的表现，突出其结构特征。

5. 深入与整体调整（图6–33）

从整体出发，继续深入表现，强化其不同结构不同质感的变化。注重画面的整体造型，使画面详略得当、物体特点鲜明突出。

图6–32

图6-33

二、实训案例二

1. 概括大形（图6-34）

用长直线概括确定物体基本的比例、位置和构图等。

2. 概括明确基本形态（图6-35）

用简洁的基本形概括出物体的形态特征，反复比较，以求准确。注意运动鞋的分割线和装饰线变化。

3. 概括出受光与背光（图6-36）

从明暗交界线起，用明暗色调概括表现物体的受光和背光，注意其虚实的层次变化。

4. 深入刻画（图6-37）

从细节着手，提炼刻画物体的主要特征，强化物体间的形体差，强化背景，突出画面的整体气氛。

图6-34

图6-35

图6-36

图6-37

5. 深入与调整（图6–38）

从整体到局部，再从局部到整体，反复深入强化画面的整体，通过加强减弱等方法，使画面详略得当、空间突出，强调画面的整体气氛。

图6–38

三、示范作品（图6-39、图6-40）

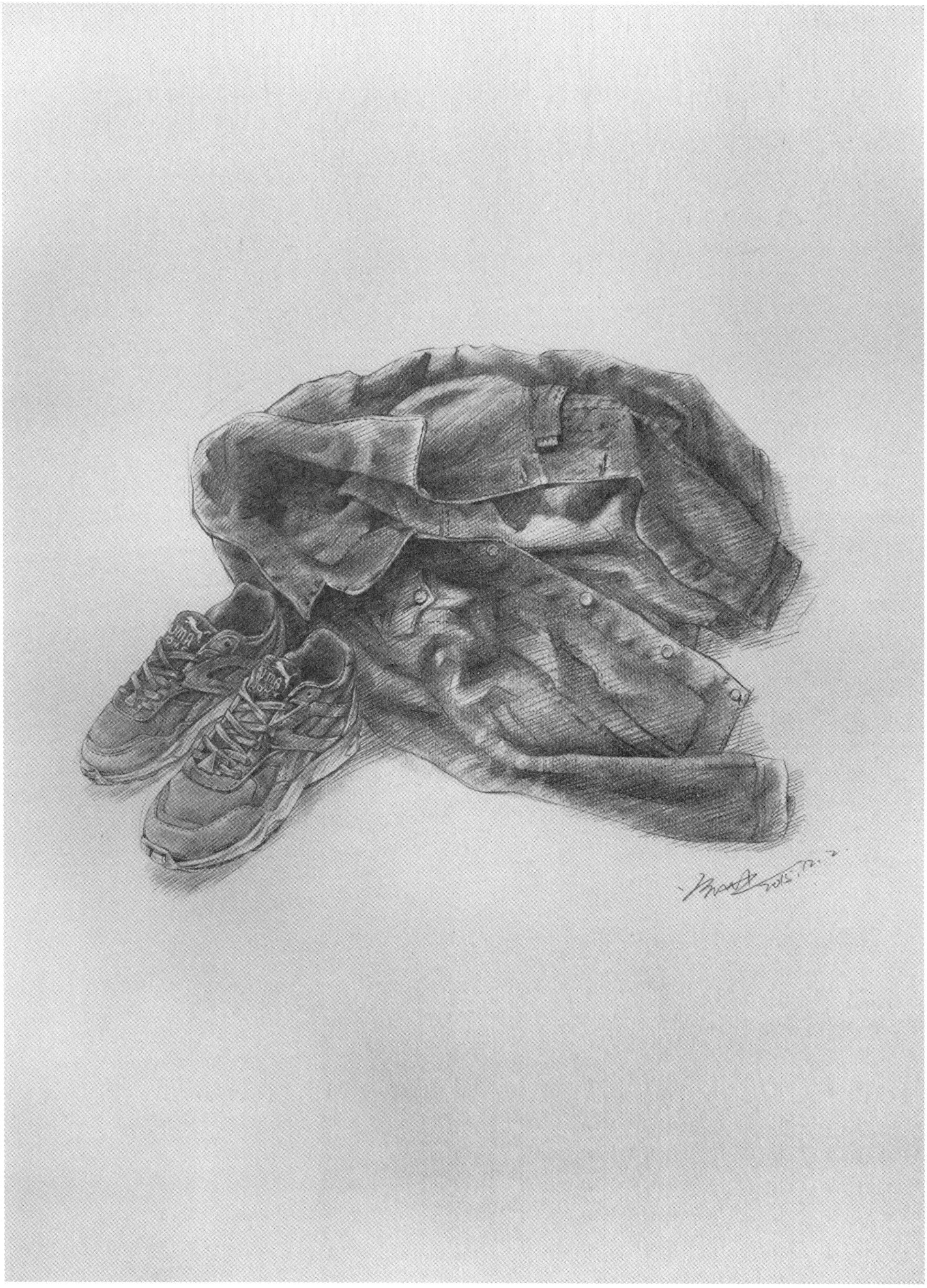

图6-39

图6-40

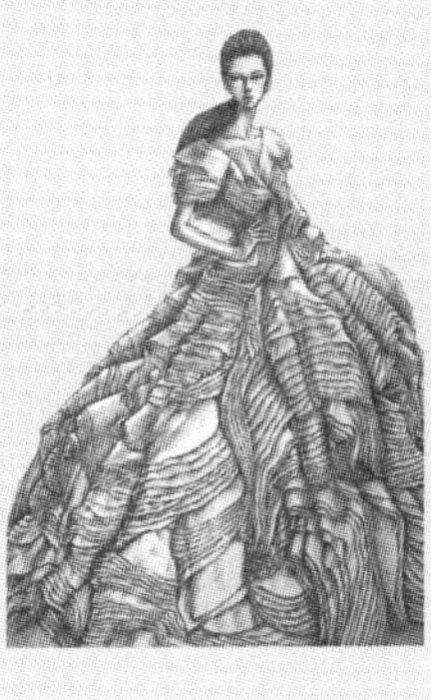

本章小结 | 运用正确的绘画方法和步骤，概括表现饰品、包类和鞋类。

实训案例 | 根据实训绘画步骤，有序地训练，掌握它们的正确表现方法。

思考与练习 | 明确结构素描对此类物品的意义和作用。

实训课堂 | 根据实训范图，练习掌握饰品、包类和鞋类素描的表现。

第七章

素描时装画实例欣赏

图7-1

图7-2

图7-3

图7-4

图7-5

图7-6

图7-7

图7-8

图7-9

图7–10

图7-11

图7-12

图7-13

图7-14

图7–15

图7-16

图7-17

图7-18

图7-19

图7–20

图7-21

图7-22

图7-23